工程测量及其新技术的应用研究

赵金生 著

中国大地出版社
·北京·

图书在版编目（CIP）数据

工程测量及其新技术的应用研究 / 赵金生著. -- 北京：中国大地出版社，2018.9（2025.1 重印）
　ISBN 978-7-5200-0279-0

Ⅰ. ①工⋯　Ⅱ. ①赵⋯　Ⅲ. ①工程测量－研究　Ⅳ. ①TB22

中国版本图书馆 CIP 数据核字(2018)第 226971 号

GONGCHENG CELIANG JI QI XINJISHU DE YINGYONG YANJIU

责任编辑：王雪静　尹向阳
责任校对：韦海军
出版发行：中国大地出版社
社址邮编：北京市海淀区学院路 31 号，100083
传　　真：(010)66554577
印　　刷：北京大地彩印有限公司
开　　本：787mm×1092mm　1/16
印　　张：10.75
字　　数：200 千字
版　　次：2018 年 9 月北京第 1 版
印　　次：2025 年 1 月北京第 2 次印刷
定　　价：46.00 元
书　　号：ISBN978-7-5200-0279-0

(如对本书有建议或意见，敬请致电本社；如本书有印装问题，本社负责调换)

前　言

我国的工程测量工作涉及道路桥梁、土木建筑等诸多领域，工程测量技术成为工程施工建设不可或缺的重要技术。对于我国传统的工程测量技术而言，其存在操作难度大、作业时间久等特点，严重阻碍工程施工的进度与质量，因而随着信息与科学技术的不断发展，现代工程测量技术应运而生，无论从深度、广度，亦或精度，现代工程测量技术都优于传统工程测量技术。近年来，网络信息化技术的发展促进了 GPS 系统的进步，GPS－RTK 技术因其具有的高精度特点而被广泛地应用在工程测量中。

本书以"工程测量及其新技术的应用研究"为课题，从不同的方向和角度进行了全面系统的研究和阐述。全书共七章，其中第一章"导论"，主要阐述了工程测量的基础理论，包括工程测量学的定义、作用分析、应用领域、内容特点、学习方法、岗位要求、发展历史和展望；第二章为"工程建设各阶段的测量及信息管理研究"，第三章为"工程测量学的理论技术和方法研究"，第四章为"施工控制网建立的相关研究"，第五章为"施工放样的基本工作研究"，第六章为"局域定位系统在工程测量场中的应用"，第七章为"工程测量新技术应用探索"。各章之间有独立性和相关性，如工程测量学的理论技术和方法在工程建筑物的变形监测中有广泛应用，而高速铁路、桥梁和水利工程中有许多典型的变形监测，则是对第四章变形监测内容的补充，相得益彰。随着测绘科技的快速发展和变革性进步，作者归纳了工程测量学的理论方法，增加了现代高新技术，在第七章中对 GPS－RTK 技术原理与特点进行简要阐述，并在此基础上探讨在工程测量中 GPS－RTK 技术的应用。

本书有以下几个特点值得一提：

(1) 注重知识的实用性与应用性，重点突出"做"的过程与方法。力求结构合理、主线清晰、概念明确，全书的内容更加丰富，章节的编排更加合理。

(2) 技能性，注重工程测量基本技能的叙述，概念阐述简单明了，工作过程条理清晰、通俗易懂，强调操作的要点和技能。

(3) 通用性，本书综合考虑各行业对工程测量人才的需求，撰写中注重工程测量基本原理、基本方法等共性的阐述。以期为现代工程测量技术进一步发展与应用提供参考，对工程测量工作实现现代化有所帮助。

本书在写作过程中，参考和借鉴了国内外学者的相关理论和研究，在此深表谢意。由于作者水平有限，书中难免有疏忽和遗漏之处，恳请读者批评指正。

赵金生

2018 年 7 月

目 录

第一章 导论 ... 1
- 第一节 工程测量学的定义和作用分析 ... 1
- 第二节 工程测量学的内容和应用领域研究 ... 4
- 第三节 工程测量学的特点和学习方法研究 ... 7
- 第四节 工程测量与其他学科的关系探究 ... 9
- 第五节 工程测量学的发展历史和展望 ... 10
- 第六节 工程测量的岗位要求分析 ... 15

第二章 工程建设各阶段的测量及信息管理研究 ... 19
- 第一节 工程勘测设计阶段的主要测量工作研究 ... 19
- 第二节 工程施工建设阶段的测量研究 ... 22
- 第三节 工程运营管理阶段的测量研究 ... 23
- 第四节 工程测量信息管理研究 ... 23

第三章 工程测量学的理论技术和方法研究 ... 26
- 第一节 工程测量学的理论研究 ... 26
- 第二节 地面测量技术和方法研究 ... 30
- 第三节 对地观测技术和方法研究 ... 37
- 第四节 特殊测量技术和方法研究 ... 43

第四章 施工控制网建立的相关研究 ... 52
- 第一节 施工控制网的种类 ... 53
- 第二节 施工控制网的基准解析 ... 71
- 第三节 施工控制网的布设分析 ... 72
- 第四节 施工控制网的质量准则解读 ... 75
- 第五节 施工控制网的优化设计研究 ... 79
- 第六节 施工控制网的数据处理分析 ... 79

  第七节 工程测量控制网点的埋设 …………………………………… 82

第五章 施工放样的基本工作研究 …………………………………………… 87

  第一节 放样前的准备工作分析 ………………………………………… 88
  第二节 高程放样解析 …………………………………………………… 89
  第三节 已知水平距离的测设解析 ……………………………………… 92
  第四节 已知水平角的测设解析 ………………………………………… 94
  第五节 直角坐标法放样平面点位解析 ………………………………… 97
  第六节 极坐标法放样平面点位解析 …………………………………… 100
  第七节 距离交会法放样平面点位解析 ………………………………… 103
  第八节 方向线交会法放样平面点位解析 ……………………………… 105
  第九节 角度前方交会法放样平面点位解析 …………………………… 106
  第十节 直线放样方法解析 ……………………………………………… 111
  第十一节 放样方法的选择分析 …………………………………………… 114

第六章 局域定位系统在工程测量场中的应用 ………………………………… 116

  第一节 工程测量场中局域定位理论与方法 ……………………………… 116
  第二节 局域定位系统应用于工程测量场的问题探究 ……………………… 124
  第三节 局域定位系统应用的前景展望 ………………………………… 127

第七章 工程测量新技术应用探索 …………………………………………… 130

  第一节 工程测量对于施工质量管理的重要性 …………………………… 130
  第二节 测量过程中精度的影响因素及控制研究 …………………………… 132
  第三节 GPS-RTK 在工程测量中的应用及其技术特点研究 ……………… 135
  第四节 数字化测绘技术在工程测量中的应用研究 …………………… 137
  第五节 三维测绘技术在工程测量中的应用研究 …………………………… 140
  第六节 工程测量与地理信息的结合与应用 …………………………… 144
  第七节 无人机测绘技术用于工程测量的实践探究 …………………… 147
  第八节 现代工程测量新技术的应用分析 ……………………………… 149
  第九节 现代工程测量技术发展与应用探究 …………………………… 152

参考文献 …………………………………………………………………………… 163

第一章 导 论

工程测量学是一门实用性很强的测绘学二级学科，其理论、技术和方法涉及测绘学的许多知识。本章主要讲述工程测量学的定义、作用分析、应用领域、内容特点、学习方法、岗位要求、发展历史和展望，指出了对工程测量人员的要求和学好工程测量学这门课程的方法。

第一节 工程测量学的定义和作用分析

一、工程测量学的定义

工程测量学(Engineering Surveying 或 Engineering Geodesy) 是测绘学的二级学科，归纳起来，有以下三种定义：

(一) 定义一

工程测量学是研究各种工程建设在勘测设计、施工建设和运营管理阶段所进行的各种测量工作的学科。

工程建设是指投资兴建(建造、购置和安装) 固定资产的经济活动以及与之相联系的其他工作。工程建设一般分为勘测设计、施工建设和运营管理三个阶段。各种工程包括：工业与民用建筑(如大型厂区，城市高层、高塔和各种建筑物等)，道路工程(各种铁路、公路等)，桥梁与隧道工程，水利水电枢纽工程(包括大坝、厂房、船闸等)，地下工程(如地下矿山、隧道、城市地铁和人防等)，管线工程(高压输电线、输油气管道和城市地下管线等)，矿山工程(专门有矿山工程测量子学科)，其他工程(如军事工程、海洋工程、机场、港口、核电厂以及离子加速器这样的科学实验工程) 等。可见，工程测量贯穿于各种工程的各个阶段。

(二) 定义二

工程测量学主要研究在工程建设各阶段、环境保护及资源开发中所进行的地形和其他有关信息的采集及处理，施工放样、设备安装和变形监测的理论、方法与技术，研究对测量资料及与工程有关的各种信息进行管理和使用,它是测绘学在国家经济建设和国防建设中的一门应用性学科。

地形信息采集主要表现为各种大比例尺地形图测绘,施工放样是将工程的室内设计放样实现到实地,变形监测(亦称安全监测)贯穿于工程建设的三个阶段,包括变形分析与预报。

(三) 定义三

工程测量学是研究地球空间中(包括地面、空中、地下和水下)具体几何实体的测量描绘和抽象几何实体的测设实现的理论、方法和技术的一门应用性学科。它主要以建筑工程和机器设备为研究服务对象。

具体几何实体指一切被测对象,包括存在的地形、地物、已建的各种工程及附属物;抽象几何实体指一切设计的但尚未实现的各项工程。

比较上述三种定义,定义一比较大众化,易于理解,工程测量学翻译成 Engineering Surveying 比较恰当。定义二较定义一更具体、准确,上升到了理论、方法与技术,且范围更大,包括了环境保护及资源开发。从学术意义上讲,定义三更加概括、抽象、严密和科学。定义二、定义三除建筑工程外,机器设备乃至其他几何实体都是工程测量学的研究对象,而且都上升到了理论、方法和技术,强调工程测量学所研究的是与几何实体相联系的测量、测设的理论、方法和技术,而不仅仅是研究各阶段的各种测量工作。按定义二、定义三,工程测量学当翻译成 Engineering Geodesy。

二、工程测量学的学科地位

工程测量学是测绘学的二级学科。测绘学又称测绘科学与技术,它是一门具有悠久发展历史和现代科技含量的一级学科。测绘学的二级学科可做如下划分:

(一) 大地测量学

大地测量学包括天文大地测量学、几何大地测量学(或称大地测量学基础)、物理大地测量学、地球物理大地测量学、卫星大地测量学、空间大地测量学和海洋大地测量学等。

(二) 工程测量学

工程测量学包括矿山测量学、精密工程测量学、工程的变形监测分析与预报。国际上,许多矿山测量工作者认为他们所从事的工作与工程测量不同,应从工程测量中分离出来,并成立了矿山测量协会，但把矿山测量看作是工程测量的分支更恰当一些。

(三) 摄影测量学与遥感

摄影测量学与遥感可分为摄影测量学、遥感学，摄影测量与遥感有许多相同之处，也有本质上的不同之处。摄影测量学包括航空摄影测量学和地面摄影测量学(也称近景摄影测量学或工程摄影测量学)，遥感学包括航空遥感学和航天遥感学。

(四) 地图制图学

地图制图学亦称地图学，包括地图投影、地图综合、地图编制和地图制印等。

(五) 地理信息系统

地理信息系统是测绘学、大气科学、地理学和资源科学等一级学科的二级学科。

(六) 不动产测绘

不动产测绘或称地籍测绘，国外许多国家将其作为测绘学的二级学科，因为在经济、法律上有特殊意义；在测量技术方面，与工程测量的技术方法基本相同，且较之更简单。因此，国内有人将地籍测量纳入工程测量的范畴。

目前国内测绘教育将测绘学划分为大地测量学与测绘工程、摄影测量与遥感、地图制图学与地理信息工程三个二级学科，其实是不太恰当的。

三、工程测量的任务和作用

工程测量的任务可以概括为一句话：为工程建设提供测绘保障，满足工程建设各阶段的各种需求。具体地讲，在工程勘测设计阶段，提供设计所需要的地形图等测绘资料，为工程的勘测设计、初步设计和技术设计服务；在施工建设阶段，主要是施工放样测量，保证施工的进度、质量和安全；在运营管理阶段，则是以工程健康监测为重点，保障工程的安全、高效运营。

工程测量在工程建设中，起尖兵和卫士的作用。工程测量关系到工程设计的好坏、关系到工程建设的速度和质量、关系到工程运营的效益和安全。以变形监测为例，它贯穿于工程建设和工程运营的始终，变形监测是长久性的工作，监测是基础，分析是手段，预报是目的。工程的变形监测，不仅是工程和设备正常和安全运营的保障，而且其数据处理结果也是对设计的检验，变形分析资料是建设中修改设计或新建类似工程设计的重要依据。

第二节　工程测量学的内容和应用领域研究

一、工程测量学的内容

工程测量学的主要内容可以概括为：地形资料的获取与表达、工程控制测量及数据处理、建筑物的施工放样、设备安装检校测量、工程及与工程有关的变形监测分析与预报、工程测量专用仪器的研制与应用、工程信息系统的建立与应用等。

（一）工程测量学的理论、技术和方法

综合了误差、精度、可靠性、灵敏度、误差分配、精度匹配、优化设计、坐标系及其转换等理论。我们知道，经纬仪、水准仪、全站仪是工程测量的通用仪器，光学经纬仪、水准仪逐渐被电子经纬仪、电子全站仪、电子水准仪取代。GPS 接收机也已成为通用仪器而广泛使用。陀螺经纬仪可直接测定方位角，主要用于联系测量和地下工程测量。通用仪器可测角度、距离、高差、坐标差和坐标等几何量。为了保持内容的完备性，对于在测量学、大地测量学基础中已经讲述的测量技术和方法，本书只作简要归纳，对一些现代空间测量技术和方法则作系统性介绍，重点放在特殊的测量技术和方法上，如应用在精密工程测量领域的各种专用仪器技术和方法，包括确定待测点相对于基准线(或基准面)的偏距的基准线测量(或准直测量)、微距离及其变化量的精密距离测量、液体静力水准测量、倾斜测量和挠度测量等。此外，车载、机载和地面三维激光扫描仪已成为数据采集的重要手段，多传感器的高速铁路轨道测量系统，由 GPS 接收机、惯导仪、激光扫描仪、智能全站仪、CCD 相机以及其他传感器等集成的地面移动式测量系统。由 GPS OEM 板、通信模块、自动寻标激光测距仪等集成的变形遥控监测预警系统等，都代表了现代先进的工程测量技术。

（二）地形资料的获取与表达

工程测量学中，主要是大、中、小比例尺地形图的应用，水下地形图、竣工图和各种纵横断面图测绘等。

（三）工程控制测量及数据处理

工程控制测量及数据处理包括工程控制网的分类、设计、建立和应用。涉及坐标系、基准、

仪器和方法选取，建网、观测和网平差数据处理等问题。

(四) 建筑物的施工放样

建筑物的施工放样可归纳为点、线、面、体的放样。点放样是基础，放样点应满足一定的条件，如在一条给定的直线或曲线上，或在空间形状符合设计要求的曲面上。放样分高程放样、直线放样、二维和三维放样。放样的方法很多，可分为一般的通用的放样方法和特殊的专门的放样方法。施工放样的工作量很大，放样一体化、自动化显得特别重要。

(五) 设备安装检校测量

设备安装检校测量的特点和方法包括控制测量、短边测角、方位传递、工业测量和应用实例，归纳综述了几种工业测量系统。即电子经纬仪/电子全站仪测量系统、激光跟踪测量系统、工业摄影测量系统和室内 GPS 测量系统。

(六) 工程的变形监测分析和预报

工程及与工程有关的变形监测、分析和预报是工程测量学的重要研究内容。变形监测除了针对工程本身和所在范围外，还要对与工程有关的对象、范围进行监测，例如水利枢纽工程的库区滑坡、修建道路引发的滑坡、岩崩等。变形分析和预报需要对变形观测数据进行处理，还涉及工程、地质、水文、应用数学、系统论和控制论等学科，属于多学科交叉领域。

变形监测主要包括水平位移、垂直位移、沉陷、倾斜、挠度、摆动、震动和裂缝等的监测，又分周期性监测和持续性监测。变形分析和预报又称变形观测数据处理，有许多种方法，一般分为统计分析法和确定函数法。统计分析法以大量的监测数据为基础，侧重于变形的几何分析；确定函数法基于外力和变形之间的函数关系，是变形的物理解释方法。变形监测是基础，变形分析是手段，变形预报是目的。变形监测分析与预报是工程和设备正常、安全运营的基础保障。

二、工程测量学的应用领域

工程测量学是一门应用性很强的工程学科，在国家经济建设、国防建设、环境保护及资源开发中都必不可少，其应用领域，可按工程建设阶段和服务对象划分。

按工程建设的勘测设计、施工建设和运营管理三个阶段，工程测量可分为工程勘测、施工测量和安全监测。工程勘测主要是提供各种大、中比例尺如 1:2000 和 1:5000 的地形图。为工程地质、水文地质勘探等提供测量服务，重要工程的地层稳定性观测等。施工测量包括建立施工控制网、施工放样、施工进度和质量监控、开挖与建筑测绘、施工期的变形监测、设备安装以及竣工测量等。运营管理阶段的测量工作主要是安全监测。按所服务的对象可分为建筑工程测量、水利工程测量、线路工程测量、桥隧工程测量、地下工程测量、海洋工程测量、军事工程测量、三维工业测量，以及矿山测量、城市测量等。各项服务对象的测量工作，各有其特点与要求，称为个性或特殊性，但从其测量的基本理论、技术与方法来看，又有很多共同之处，称为共性或一般性。

工程测量学的应用领域还可以扩展到工业、农业、林业和国土、资源、地矿、海洋等国民经济部门的各行各业。现代工程测量已经远远突破了为工程建设服务的概念，而向所谓的"广义工程测量学"发展，认为"一切不属于地球测量、不属于国家地图集范畴的地形测量和不属于官方的测量，都属于工程测量"。

三、与工程测量有关的学术团体

国际测量师联合会(International Federation of Surveyors，法文缩写 FIG) 是世界各国测绘学术团体联合组成的综合性学术组织，1878 年 7 月 18 日成立于法国巴黎，下设 3 个大组、9 个技术委员会。A 组是专业组织与管理，包括第一(专业实践)、第二(专业培训) 和第三委员会(专业文献)；B 组是测量、摄影测量和地图制图，包括第四(河海测量)、第五(测量仪器和方法) 和第六委员会(工程测量)；C 组是土地规划和土地经济，包括第七(地籍测量和农村土地管理)、第八(城市不动产体系、城镇规划和发展) 和第九委员会(不动产估价和经营)。

工程测量委员会下设六个工作组和两个专题组。六个工作组是：大型科学设备的高精度测量技术与方法、线路工程测量与优化、变形监测、工程测量信息系统、激光技术在工程测量中的应用、电子科技文献和网络。两个专题组是：工程和工业中的特殊测量仪器、工程测量标准。

德国、瑞士、奥地利三个德语语系国家在 1956 年组织了一个每隔 3~4 年举行一次的"工程测量国际学术讨论会"，到 2010 年已经组织了 16 届。每一届都有几个与当时发展有关的专题，如 2004 年的专题是：大型工程测量项目、测量和数据处理技术、监测和风险管理、瑞士阿尔卑斯山特长隧道。

中国测绘学会下设有工程测量分会，每两年举办一次全国性的学术会议。各省的测绘学会也设有工程测量专业委员会。

第三节　工程测量学的特点和学习方法研究

一、工程测量学的特点

工程测量学除了要把实地的地形地物以一定的精度和形式描绘下来之外，更重要的是还需将室内设计图及相关数据和实地上的空间位置有机地联系起来。工程测量学的特点可以归纳为：服务对象众多，应用非常广泛，涉及的知识面广，工程的要求不尽相同，实施的条件千变万化。每个测量工程都需要制定最优化的测量方案，既能满足各项要求，又便捷可行，还能降低成本。许多精密的工程测量项目没有固定的作业模式可以照搬照套，需要遵循多种测绘规范和工程标准。现代工程建设的特点是：大型、特种和精密工程越来越多，即工程的规模越来越大、工程结构越来越复杂、造型越来越别致，有艺术性要求很高的曲线型建筑，有超高和异型异构建筑、有测量条件恶劣的高压高热高辐射建筑，作业难度大的地下和水下建筑等。工程建设的速度也越来越快，对测量放样的精度、速度、可靠性和自动化、智能化等方面的要求越来越高。工程测量学作为一门应用学科，在大型特种精密工程建设中发挥的作用越来越大。

二、工程测量学与相邻课程的关系

工程测量学与测绘学和其他学科的课程之间有密切的关系(图 1-1)。"测量学"讲述了常用的测量仪器和大比例尺地图的数字测绘方法；"大地测量学基础"讲述了地球椭球体及其投影、分带，国家控制网的建立和维护，大地水准面、重力异常和垂线偏差等内容；"卫星大地测量学"主要讲述的内容有卫星的运动轨道、GNSS 的原理及其应用等；在工程勘测设计阶段，常常要用到中、小比例尺的地形图系列，这些是"地图制图学"的内容；"摄影测量与遥感"是测绘各种比例尺的数字地图的主要技术，例如在新建铁路、公路初步设计阶段，常采用航空摄影测量方法生产供选线设计用的带状地形图；"近景摄影测量"在地形图测绘、变形监测、三维工业测量、文物保护、公安侦破和医疗体育等方面都有许多应用；工程的竣工测量与"地籍测量"和城市基本图测绘有密切关系。所以，工程测量工作者应具备"测量学""大地测量学基础""摄影测量与遥感""地图制图学""地理信息系统"以及"地籍测量"等方面的相关知识。误差理论与测量平差是工程测量数据处理的基础，与之相关的还需要具备最优化设计理论、数值计算方法和线性代数等方面的知识。"高等数学"中的级数和微积分内容,"物理学"中的电磁波传播、力学和光学等也是工程测量学中常涉及的基础知识,除此之外,还应具备光、机、电(子)以及传感器等方面的知识。工程测量学中大量的数据处理、图形图像处理,建立工程信息系统以及基于知识的专家系统等都离不开计算机科学与技术方面的知识,要有一定的软件设计和编程能力,具有计算机软硬件和网络方面的知识。

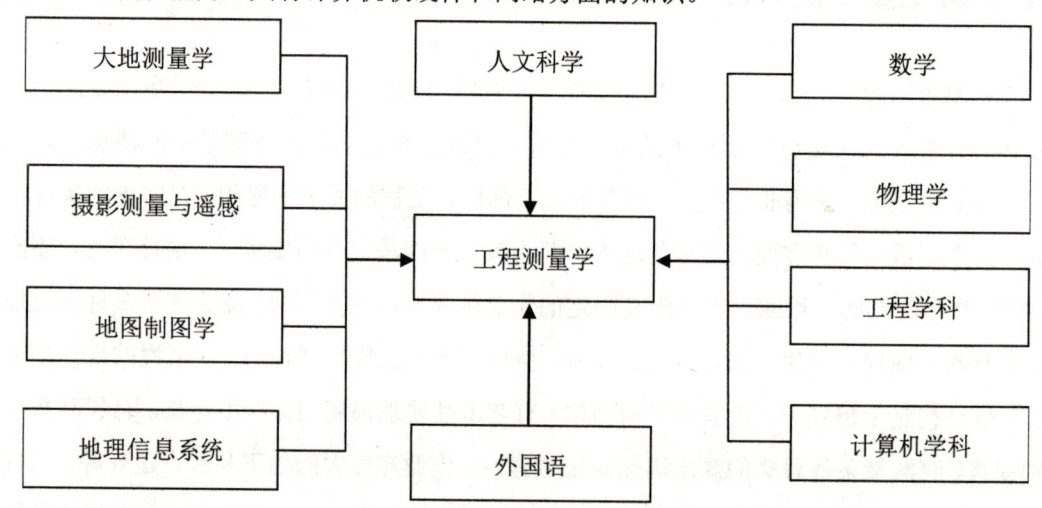

图 1-1 工程测量学与其他学科和课程的关系

工程测量的服务对象是各种工程,因此,应当具备有关土建工程、工程地质与水文方面的知识,变形的物理解释需要材料力学和结构力学的有关知识,变形分析与预报则涉及系统论乃至非线性科学方面的有关理论。工程测量工作者不仅需要学习和掌握相邻学科和交叉学科的知识,还要善于与相邻学科和交叉学科的专业人员协作。

随着空间技术、通信技术、信息技术和计算机技术的飞速发展,人类进入了信息时代,随着数字地球、智慧地球的建立和应用,我们可以认为:地球和人类乃是宇宙的中心。地球上人们相互往来日益增多,信息、技术和经验交流日益频繁,为此,工程测量工作者应具有较好的人文和外语知识,应至少掌握一门外语。

三、工程测量学的学习方法

在本书中,我们采用了"一般与特殊""纵向与横向"相结合的结构体系。所谓"一般",指各种工程的共性,"特殊"则指各种工程的特殊性。对于共性,进行统一讲解,而对于特殊性,则针对某一类工程进行具体描述。"纵向"是指按工程建设的三个阶段阐述测量工作的理论、方法和技术，而"横向"指按典型工程分别进行讲述。

学习时，要熟悉全书的结构体系，重点掌握共性方面的知识，要结合工程实践进行教和学，安排一定的实习和课程设计。

第四节 工程测量与其他学科的关系探究

工程测量是研究地球空间中具体几何实体测量和抽象几何实体测量的理论、方法和技术的应用学科。一般将"工程测量"的定义为：在工程建设勘察设计、施工和管理阶段所进行的各种测量工作。工程测量是一门应用学科，主要应用在工程与工业建设、城市建设与国土资源开发，水陆交通与环境工程的减灾、救灾等事业中，进行地形和相关信息的采集与处理、施工放样、设备安装、变形监测与分析预报等方面的理论和技术，以及与之有关的信息管理与使用。

工程测量的内容，按照服务对象来讲，大致可分为工业与民用建筑工程测量、水利水电工程测量、铁路、公路、管线、电力线架设等线路工程测量、桥梁工程测量、矿山工程测量、地质勘探工程测量、隧道及地下工程测量等。为各项工程建设服务的测量工作，各有其特点与要求，但从其基本原理与基本方法来看，又有许多共同之处。因此，也可以不分工程的种类，而按照工程建设中测量工作进行的次序以及所用的测量理论与作业方法的性质，综合地讲述工程测量的内容。

首先，工程测量与测绘类其他学科关系十分密切，在勘测设计阶段，主要是建立基础测量控制网，测绘大比例尺的地形图；在施工阶段，主要是各种工程点位的放样；在运营管理阶段，主要是研究建（构）筑物变形观测的基本理论和基本方法。要完成这些工作必须掌握测量学基础、控制测量学、测量平差等有关理论和方法，了解测量工作所用仪器设备的构造、性能及其使用方法，掌握放样精度的估算方法。

其次，工程测量与其他学科的联系也日趋紧密，随着学科的发展。工程测量已由原来的土木工程测量向"广义工程测量"发展，即"不属于地球测量，不属于有关国家地图集的陆地测量和不属于公务测量的实际测量课题，都属于工程测量"。一方面它需要应用测量学、摄影测量与遥感、地图制图、地理学、环境科学、建筑学、力学、计算机科学、人工智能、自动化理论、计量技术、网络技术等新技术和新理论解决工程测量中的难题，丰富其内容；另一方面，通过在工程测量中的应用，使这些新的学科更加富有生命力。例如 GPS、GIS 和 RS 应用于工程勘测、资源开发、城市和区域专用信息管理系统及工程管理信息数据库。CCD 固态摄影机使"立体视觉系统"迅速发展，应用到三维工业测量系统中；机器人技术应用于施工测量自动化，传感器技术和激光技术、计算机技术促进了工程测量仪器的自动化。

由此可见，这些新技术和新理论不断充实工程测量，成为工程测量不可缺少的内容，同时也促进了工程测量学科的发展和应用。

第五节　工程测量学的发展历史和展望

一、工程测量学的发展历史

工程测量学是一门历史悠久的学科，是从人类生产实践中逐渐发展起来的。在古代，它与测量学并没有严格的界限。到近代，随着工程建设的大规模发展，才逐渐形成了工程测量学。

《圣经》中关于测绘的经文有 24 处，有关测绘的文字记载，最早可追溯到公元前 1400 年：有关于地球形状的描述，地球上同一时刻有白天和黑夜的言论，也有关于地籍登记、地籍图绘制、房产测量和建筑测量的记载，甚至有量测可在太空中进行、信息可在宇宙中传播的论述。另外，公元前 25 世纪建造的埃及大金字塔，其形状、方向和位置之精准，都令人惊讶，这说明当时就有测量的工具和方法。我国在夏朝时代，就开始了水利工程测量工作。司马迁在《史记》中对夏禹治水时的勘测情景做了如下描述："陆行乘车，水行乘船，泥行乘撬，山行乘撵，左准绳，右规矩，载四时，以开九州，通九道陂九泽度九山"。准绳和规矩是当时的测量工具，准是简单的水准器，绳可量距，规可画圆，矩是一种可定平、测长度、高度、深度和画矩形的测量工具。早期的水利工程以防洪、灌溉为主，测量工作是确定水位和堤坝高度。秦代李冰父子领导修建都江堰，用一个石头人来标定水位，当水位超过石头人的肩时，将受到洪水的威胁，水位低于石头人的脚背时，下游将干旱，这与现代水位测量的原理完全一样。1973 年从长沙马王堆汉墓出土的地图，包括地形图、驻军图和城邑图三种，记录的内容相当丰富，绘制技术非常熟练，在颜色使用、符号设计、分类和简化等方面都达到了很高水平，是目前世界上发现的最早的地图。这与当时测绘术的发达是分不开的，表明汉代的地形测量、军事工程测量和城市测量已臻发达。北宋时，沈括为了治理汴渠，测得"京师之地比泗州凡高十九丈四尺八寸六分"，是水准测量在水利工程中的应用实例。

公元前 14 世纪，在幼发拉底河与尼罗河流域曾进行过土地边界测量。我国的地籍测量最早出现在殷周时期，秦、汉过渡到私田制，隋唐实行均田制，建立户籍册。宋朝按乡登记和清丈土地，出现地块图，到了明朝洪武四年，全国进行土地大清查和勘丈，编制的鱼鳞图册，是世界最早的地籍图册。

我国的采矿业是世界上发展最早的国家，在公元前两千多年的黄帝时代就已开始应用金属如铜器、铁器等，到了周代，金属工具已普遍应用。据《周礼》记载，在周朝已建立有专门的采矿部门，开采时很重视矿体形状，并使用矿产地质图来辨别矿产的分布。我国四大发明之一的指南针，从司南、指南鱼算起，有两千多年的历史，对矿山测量和其他工程勘测有很大的贡献。在国外，意大利都灵保存有公元前15世纪的金矿巷道图。公元前13世纪埃及也有按比例缩小的巷道图。公元前1世纪，希腊学者格罗·亚里山德里斯基对地下测量和定向进行了叙述。德国在矿山测量方面有很大贡献，1556年，格·阿格里柯拉出版的《采矿与冶金》一书，专门论述了开采中用罗盘测量井下巷道的一些问题。

工程测量学的发展也受到了战争的促进。中国战国时期修筑的午道，公元前210年，秦始皇修建的"堑山堙谷，千八百里"直道，古罗马构筑的兵道，以及公元前218年欧洲修建的通向意大利的"汉尼拔通道"等，都是著名的军用道路。修建中需要进行地形勘测、定线和隧道开挖测量。唐代李筌指出"以水佐攻者强……先设水平测其高下，可以漂城，灌军，浸营，败将也"，说明了测量地势高低对军事成败的作用。中华民族伟大象征的万里长城始建于公元前770—476春秋战国时期，在秦朝、汉朝和明朝总长都超过5000千米，这一规模巨大的防御工程，从整体布局到修筑，都要进行详细的勘测和放样。

工程测量学的发展在很长的一段时间内是非常缓慢的。直到20世纪初，由于西方的第一、二次工业革命和工程建设规模的不断扩大，工程测量学才受到人们的重视，并发展成为测绘学的一个重要分支。以核子、电子和空间技术为标志的第三次工业革命，使工程测量学获得了迅速的发展。20世纪50年代，世界各国在建设大型水工建筑物、长隧道和城市地铁中，对工程测量提出了一系列要求；20世纪60年代，空间技术的发展和导弹发射场建设促使工程测量得到进一步发展；20世纪70年代以来，由于高能物理、天体物理、人造卫星、宇宙飞行和远程武器发射等的需要，建设了各种巨型实验室，从测量精度和仪器自动化方面都对工程测量提出了更高要求。21世纪以来，人类科技向宏观宇宙和微观粒子世界延伸，测量对象从陆地发展到海洋和太空，工程测量的领域日益扩大，除了工程建设如核电站、海底隧道、跨海大桥以及大型正负电子对撞机等传统的三阶段测量工作外，在太空站、巨型机器设备的荷载试验、高大建筑物(摩天大楼、电视塔和射电天文望远镜等)的施工、安装和变形监测中，以及地震观测、海底探测、文物保护、体育、医学和法学方面,都需要应用最新的精密工程测量技术和方法。

从工程测量学的发展历史可以看出,它的发展经历了一条从简单到复杂、从手工操作到测量自动化、从常规测量到精密测量的发展道路,它的发展始终与当时的生产力水平相同步,并且能够满足大型特种精密工程对测量所提出的愈来愈高的需求。大型特种精密工程是工程测量学发展的动力。以长江三峡大型水利枢纽工程为代表,还有白鹤滩、溪洛渡、向家坝、锦屏、乌东德和小浪底、刘家峡等,其规模都堪称世界之最;特大跨海、跨河桥梁长达 30 多千米,有我国的杭州湾大桥和东海大桥;瑞士阿尔卑斯山的哥特哈德特长双线铁路隧道长达 57 千米,整个工程投资相当于我国的长江三峡水利枢纽工程,跨越英吉利海峡的欧洲隧道和我国的秦岭隧道等都是闻名于世的特长隧道;我国已建成时速 400 多千米/小时的磁悬浮铁路,已建和正在修建的时速 300 多千米/小时的高速客运专线近 2 万千米;位于瑞士的欧洲原子核研究中心,其环形正负电子对撞机,周长达 27 千米;高耸建筑物方面,摩天大楼越来越多、越来越高,建筑师梦想在 21 世纪将建造高 2000 米乃至 4000 米的摩天大厦。此外,还有大型核电厂、大型天线、各种异形异构建筑等各种不胜枚举的大型特种精密工程。

1964 年国际测量师联合会(FIG) 成立了工程测量委员会(第六委员会),从此,工程测量学成了一门独立学科。

二、工程测量学的展望

(一) 工程测量学的现代发展

1. 测量数据的精密处理

对测量的偶然误差、系统误差和粗差进行精细处理,在削弱偶然误差、消除系统误差、发现和剔除粗差方面取得了进展。在精度、可靠性、灵敏度基础上扩展了广义可靠性,粗差、系统误差和变形的可区分性,提出了偶然误差的系统性影响和系统误差的偶然化问题,发展了工程控制网的优化设计理论,扩展了工程控制网的通用平差模型。将时序分析、频谱分析、小波理论、系统理论、人工神经网络以及有限元法等引入变形分析和预报,丰富了变形的几何分析和物理解释。

2. 卫星导航定位技术的发展和应用

全球导航卫星系统 GNSS(Global Navigation Satellite System) 是最重要的对地观测技术,包括了我国的北斗卫星导航系统(CNSS)、美国的全球定位系统 GPS(Global Positioning

System)、俄罗斯的全球导航卫星系统 GLONASS(Global Navigation Satellite System) 和欧盟的伽利略卫星定位系统 GALILEO (Galileo Satellite Positioning System) 等。在工程测量的应用方面，GNSS 控制网可以代替绝大部分地面三角形边角网，RTK 和单点定位技术可以实现无加密控制测量，可用于地面和水下数字测图，也可用于施工放样；车载 GNSS 多传感器混合测量系统可用于既有道路的带状图测量和信息采集；GNSS 还可用于许多变形监测项目，特别适合动态变形测量；与地面水准测量相结合，GNSS 技术还可以解决许多地区的高程测量问题。

3．激光技术的发展和应用

激光具有单色性好、相干性高、方向性强和亮度极高等特点。随着激光技术的发展，出现了许多激光类测量仪器，如激光经纬仪、激光水准仪、激光陀螺仪、激光扫平仪、激光铅直仪、激光导向仪、激光准直系统、激光干涉仪、激光跟踪仪、各种机载、车载和地面激光扫描仪等，可进行定向、准直、测角、测距、测高以及快速扫描等测量，在工程测量的各个领域如测量、测设、控制、变形监测、工业测量等都有广泛应用。

4．遥感雷达干涉测量技术的发展和应用

合成孔径雷达干涉测量 InSAR(Interferometric Synthetic Aperture Radar) 是合成孔径雷达(SAR) 的遥感成像技术和干涉测量技术的融合，可以在大范围内获取地表数字高程和精确到 1~2 厘米量级的地表形变信息，在地面沉降监测、山体滑坡监测以及地震、火山、冰川活动方面有很好的应用前景。

5．数字摄影测量技术的发展和应用

航空摄影测量、近景摄影测量和工业摄影测量都从模拟测量、解析测量发展到了数字测量阶段，摄影机平台发展到低空轻型无人飞机、飞艇和气球等，摄影机从量测相机发展到非量测相机和 CCD 相机，加上各种数字测量软件的发展以及与其他传感器的结合，在大、中比例尺数字测图、变形监测和工业测量等方面有非常广泛的应用前景。

6．其他技术的发展和应用

电磁波测距技术、全站仪技术、光电传感器技术、计算机技术、通信技术以及地理信息系统技术都对工程测量学的发展有极大的影响和促进。

(二) 工程测量学的发展趋势和特点

工程测量学的发展趋势和特点可概括为"六化"和"十六字"。

"六化"是：

1. 测量内外业作业一体化

测量内业和外业工作已无明确的界限，过去只能在内业处理和完成的，现在在外业也可很方便地完成。如在测站上作图、平差和放样计算等。

2. 数据获取及处理自动化

借着电子全站仪、电子水准仪和 GNSS 接收机以及机载或附加软件都可以自动获取并处理数据。如武汉大学测绘学院研制的科傻系统实现了地面控制和施工测量的数据获取及处理的自动化，用测量机器人实现了控制网观测和变形监测的自动化。

3. 测量过程控制和系统行为智能化

通过程序实现对自动化观测仪器的智能化控制，能模拟人脑思维判断和处理测量过程中遇到的各种问题，实现遥控、遥测和数据遥传。如在自动观测中，当视线遮挡会自动判断，等待或放弃观测，当变形值超限时会自动报警。

4. 测量成果和产品数字化

数字化是数据交换和计算机处理、管理和多样化产品输出的基础。

5. 测量信息管理可视化

测量信息管理可视化包括图形、图像可视化和三维可视化表达以及虚拟现实等。

6. 信息共享和传播的网络化

信息共享和传播的网络化是数字化的锦上添花，在局域网和国际互联网上实现信息共享、传播和增值服务。

"十六字"是：精确、可靠、快速、简便、实时、持续、动态、遥测，这是从另一个角度概括工程测量学发展的特点，特别是朝快速、动态方向发展，各种多传感器混合测量系统，如车载、机载激光扫描测量系统，将成为快速获取海量数据的主要手段。

（三）工程测量学的发展展望

展望工程测量学的发展，一方面，随着人类文明的进步，对工程测量学的要求愈来愈高，工程测量学的服务范围不断扩大；另一方面，现代科技新成就，为工程测量学提供了新的工具和手段，从而推动工程测量学的不断发展。工程测量学发展的本质在于：直接为改善人类的生活环境，提高人类的生活质量服务。

工程测量学将进一步向宏观、微观方向发展。在宏观方面，将从陆地延伸到海洋，从地球延伸到太空，工程的规模更大、结构更复杂，对精度、可靠性、速度等方面的要求更高；微观方面，将向计量和离子世界方向发展，向显微摄影测量和显微图像处理方向发展，测量的尺寸更小，精度更高，例如要求到计量级。从一维、二维到三维乃至四维，从点信息到面信息获取，从静态观测到动态观测，从周期观测到持续测量，从后处理到实时处理，从人工量测到无接触遥测，从人眼观测到机器人自动寻标观测，从大型特种精密工程测量发展到与人体健康和生命有关的测量。

第六节　工程测量的岗位要求分析

一、对测量技术人员的要求

工程测量是直接为工程建设服务的，工程测量工作者必须具有一定的有关工程建设方面的知识。工程测量技术人员应具备以下知识和素质：

(1) 能熟练使用各种测量仪器和工具，并能进行常规的保养、检验、校正和维修。

(2) 能够理解设计意图和建筑物的构造，并能对图纸进行校对和审核。

(3) 了解该项工程的作用、总体布置的特点以及它与周围环境的关系，了解工程施工的步骤和方法，对施工的各分部、分项的施工程序有明确的了解，能在施工过程中与其他工种协调配合，提供所需的测量服务。

(4) 了解工程规范中对测量的允许偏差，选择适当的测量仪器和测量方法，满足精度要求。

二、常见工程测量岗位职责要求

（一）施测人员岗位职责

(1) 遵守国家法律和法规以及有关地方政策。

(2) 认真熟悉施工图纸和有关施工技术规范。

(3) 施测过程中，施测人员必须认真细致，做到步步有检核，项项能闭合。

(4) 对施测的每项工作必须进行复核后方可进行施工。

(5) 对施工人员交底必须清楚,让施工人员能明白设计意图和施工目的。

(6) 测量人员必须有吃苦耐劳的精神,保证测量数据准确无误。

(7) 对测量的有关成果必须保密,不能随意泄露。

(8) 必须熟悉测量的技术规范,使施测的成果在允许误差范围之内。

(二) 测量员岗位职责

(1) 测量员在项目工程部经理的领导下负责工程项目施工测量工作。

(2) 参加编制工程项目施工组织设计中的施测方案,负责落实施工测量的准备工作。

(3) 参加工程项目的图纸会审,负责工程施工测量的定位、超平放线、高程控制等测量和沉降观测工作。

(4) 负责及时进行施工资料的编写、绘制、会签以及资料的汇集、整理归档、移交等工作。

(5) 积极参与项目质量、安全、文明施工和成本检查、分析活动,完成贯标要素。

(6) 积极完成领导和上级部门安排的其他工作。

(三) 测量队长岗位职责

(1) 按照建筑总平面图和发包人提交的施工场地范围,规划红线桩、工程控制坐标网点和水准基桩,负责施工现场的测量与放样。

(2) 负责组织测量人员进行控制网点布测和原始地形图复测。

(3) 负责工程实体、建筑物的施工放线、复核。

(4) 负责现场实物工程量的测量、统计、分解,准确提供工程量计量数据。

(5) 负责提供补偿、变更、索赔资料中的测量数据和原始签证。

(6) 遵守测量规范及相关要求,负责组织编写相关测量程序与方案。

(7) 按照设计文件、施工图纸、测量申请单、测量交样单的要求,根据现场测量结果进行测量技术交底。

(8) 负责变形观测,位移观测以及其他观测、计量、统计。

(9) 完成领导交办的其他工作。

(四) 测量队职责

(1) 严格执行测量规范、规程及技术标准。

(2) 根据施工组织设计和施工进程安排,编制项目施工测量方案和施工测量计划。

(3) 负责整个工程项目的测量管理工作，对测量结果负有直接责任。

(4) 负责测量人员的工作计划安排，统筹计划，协调管理，使测量工作按工程项目计划进度进行。

(5) 负责项目施工控制网的布设、导线点的引测。

(6) 负责施工放样的技术交底、检查施工记录及放样记录的核算。

(7) 负责测量仪器的管理。建立测量仪器、设备台账、精密测量仪器卡、仪器档案，定期对仪器进行检查，并按规定进行检查、确保仪器精度符合要求。

(8) 做好测量资料的计算、复核和对原始资料的整理、保管工作。

(9) 协助技术人员做好施工图纸的审核工作。

(10) 负责测量员的指挥、培训工作。

(11) 完成领导交办的其他工作。

(五) 测量资料员岗位职责

(1) 负责测量队技术文件、资料管理的内、外接口，整理存档。

(2) 负责测量队有关测量数据的收集、整理、统计、建账成册，及时报送。

(3) 负责现场实物工程量中测量数据部分的建账成册，及时报送有关部门和领导。

(4) 负责测量仪器、器材、工器具的建账，送检，修理计划。

(5) 负责文件、报表台账、资料传递，文件收发，竣工资料等各项内业文印。

(6) 完成领导交办的其他工作。

(六) 测量工程师岗位职责

(1) 熟悉设计技术文件、施工图纸，负责施工现场的测量、放线、复核。

(2) 负责施工现场控制网点的布测和观测桩点设立，复测。

(3) 负责施工过程中的变形与稳定性等现场观测项目，及时、准确、规范地填报各类观测数据。

(4) 协助进行测量技术交底。

(5) 编写测量程序、方案，按规定格式和要求及时填写测量手簿，完善签字手续。

(6) 协助有关人员做好测量工程量，现场工程量签证。

(7) 负责填写测量日志，收集、整理、统计现场工程量报表中有关测量部分的资料、数据，建账成册，及时报送。

(8) 完成领导交办的其他工作。

(七) 测量监理工程师岗位职责

(1) 在总监理工程师(副总监)的领导下,复核设计原始基准点、基准线和基准高程等资料,并按设计图纸复核承包人施工放样。

(2) 参与设计交底、图纸会审,负责现场测量交桩工作。

(3) 检查承包单位的测量仪器型号、人员配置情况及组织、管理规章制度,审查测量人员的上岗证和资格证。

(4) 督促承包人对施工放线中的基准资料、转角点、水准点定期进行复查。

(5) 审核承包人的测量放线资料,复核承包人的测量放线成果。

(6) 对重点部位组织监理复核测量,整理测量成果。

(7) 记好测量日记,收集、整理、保管日常测量监理资料,建立台账,并接受检查。

(8) 编制《测量仪器使用制度》,并严格要求测量小组成员能遵守执行,负责对仪器保管、维护和定期自检,认真填写仪器使用和维修台账。

(9) 负责检查各监理组测量工作和测量内业资料。

(10) 完成总监理工程师(副总监)交办的其他工作。

第二章 工程建设各阶段的测量及信息管理研究

工程建设一般分为勘测设计、施工建设和运营管理三个阶段，与之对应，工程测量可分为勘测设计阶段的工程勘测、施工建设阶段的施工测量和运营管理阶段的安全监测工作。本章简要讲述三个阶段的主要测量工作及测量信息管理，对勘测设计阶段讲述多一些，对施工建设和运营管理阶段只作归纳。因为全书都是讲述各种工程中的测量工作，工程建筑物的施工放样和变形监测各占一章，工业与民用建筑、水利与港口工程、桥梁工程、高速铁路工程、地下工程各占一章，设备安装与工业测量、城市地下管线探测各占一章，地形图测绘和工程控制网各占一章。尽管如此，也不能穷尽所有的工程测量。但通过本课程的学习，足可以了解和胜任各种工程的测量工作。

第一节 工程勘测设计阶段的主要测量工作研究

任何一项工程建设都需要按建设目的、自然地理和社会条件进行选址和设计。设计人员进行设计需要不同比例尺的地形图，工程勘测设计阶段的测量工作主要提供设计人员所需比例尺的地形图和进行其他有关测量。

选址主要是收集已有地形图(如城市规划主要采用 1∶2000 的地形图) 和有关资料，选出几个可能的方案，下达勘测设计任务书，委托测量人员进行勘测，测绘设计人员需要的各种地形图和进行其他有关测量。勘测设计阶段的测量工作视工程不同而各异，下面以工业企业、线路和桥梁工程为例予以说明，分别代表面状、线状和典型工程在勘测设计阶段的测量工作，也可供其他工程参考。

一、工业企业的测量

工业企业具有面状特征。一般来说，1∶5000 地形图可用于厂址选择、总体规划和方案比较等的勘测设计；1∶2000 地形图可用于初步设计；1∶1000 地形图可用于技施设计；对于地形复杂、建筑物密集、精度要求高的技施设计，需要1∶500的地形图。勘测设计阶段所需地形图的测绘，对于大范围宜采用航测数字化成图，并结合全站仪地面数字化测图技术进行，后者适合1∶1000和更大比例尺地形图测绘。

设计人员要在数字地形图上进行设计，例如要进行总图运输设计，绘制建筑总平面图、管线总平面图等。其中，总图运输设计(General Drawing)是在数字地形图和勘测资料基础上，综合利用各种条件，合理确定工业企业区域内各种建筑物、构筑物及交通运输设施的平面关系、竖向关系、空间关系及与生产活动的有机联系，要根据工业企业生产特点，以地形图为底图进行主辅车间、动力运输设施、仓库、管网以及办公与生活设施等的平面与竖向布置。工业场地的平面布置主要涉及建筑主轴线和辅助轴线的确定，建筑物的布设等，对地形图的平面位置精度的要求一般为图上不大于1毫米；竖向布置要对厂区的自然地形进行平整改造，使建设中填挖方基本平衡，确定场地平整高程，设计建筑物的地坪高程、铁道轨顶高程、道路中心线高程以及管网高程。这些高程的设计要考虑地形条件和排水问题。如室内地坪要高出室外地面0.15~0.5米，地下管道最小埋设深度为0.6米。为此，所提供地形图的高程精度应不低于0.15米。

二、线路工程的测量

铁路、公路、架空送电线路以及输油管道等称为线路工程，它们的中线称为线路。一条线路工程的勘测设计，主要是根据国家计划与自然地理条件等，确定线路最经济合理的位置。

线路在勘测设计阶段的测量工作称为线路测量，为线路设计提供一切必要的地形资料。线路设计涉及社会、政治、经济、自然、地形、地质和水文等方面，一般要分阶段进行，勘测工作也要分阶段进行。各种线路工程的勘测工作大体相似，现以铁路工程为例说明。

我国铁路勘测设计的程序，设计包括方案设计、初步设计和施工设计三个阶段，勘测主要分初测和定测两个阶段。

方案设计是设计人员将已有的地形图资料，根据国家需求，设计几个可能的线路方案，经过全面的分析比较后，提出主要方案。初测就是根据方案设计下达的勘测设计任务书，为满足初步设计需要，对一条或多条主要线路所进行的各种测量。初测包括进行线路的分级平面、高程控制测量，沿线路实地选点、插旗、标出线路方向，补充方案设计中没有考虑的局部方案，沿线路方向进行初测控制测量和地形测量，就是测绘1∶5000~1∶2000的带状地形图(称初测地形图)。

设计人员在初测地形图上进行初步设计，报送审批，确定出其中的一个初步设计方案。定测是对批准的初步设计方案，将选定的线路测设到实地进行的有关测量。线路测设时，结合地形、水文和地质等情况，可能对初步设计方案有小的局部改善，使线路更经济合理。

定测包括中线测量、曲线测设、纵横断面测量、局部的地形图测绘和专项调查测量，为施工设计收集资料。

由于测绘技术的进步，特别是摄影测量数字化成图技术的发展，不仅减轻了测量人员的劳动强度，提高了效率，使线路勘测成果更加丰富，也为设计人员提供了数字化设计平台，可在逼真的数字地面高程模型(Digital Elevation Model，DEM)上进行设计。

三、桥梁工程的测量

桥梁勘测设计阶段主要有以下测量工作：

(1) 桥位平面和高程控制测量。建立平面和高程控制网，要求与国家或地方高等级已知的三角点和水准点联测。

(2) 桥址定线测量。在控制测量基础上按 1 级导线测量精度于实地测设中线控制点(包括交点等)。

(3) 桥址中线和断面测量。在桥址定线范围内，按有关规范要求施测全桥中线纵断面，编制纵断面资料。绘制 1∶500 的断面图。根据设计需要测绘若干桥墩(台) 1∶200 的横断面图。

(4) 桥位地形测绘。测绘 1∶500 比例尺的桥位陆地地形，准确反映地形、地物现状，测量与桥址中线交叉的道路及管线的平面位置、高程及悬空高度等，同时测绘桥址中线上、下游一定范围内的河床地形图。

(5) 桥址水文测量。包括洪水位调查、水面坡度测量和流速流向测量。施测桥址中线上、下游一定范围内主河道上水流的流速和流向，按 1∶500 比例尺绘制流向图。要求有效浮标测线至少 8 条，施测时要测记水位、风向和风速，可采用前方交会法定位浮标，或在浮标上安置 GNSS 接收机测量浮标位置。

(6) 船筏走行线测量。施测桥址中线上、下游一定范围内的航迹线，按 1∶500 比例尺绘制桥址航迹线图。要求上、下行的船舶各测 4 条左右。测记水位、船名、船型等。

(7) 钻孔定位。按照地质勘探提供的坐标资料于实地测设钻孔的位置并测量地面高程，提交钻孔定位资料表。

第二节　工程施工建设阶段的测量研究

工程施工阶段的主要测量工作是施工放样(有时称测设)，就是将设计图上的建(构)筑物，根据其位置、形状、大小及高程按要求在实地标定出来的测量工作，是为工程施工服务的，另外还包括工程监理测量。为此，还要建立、维护施工平面和高程控制网，还要进行土石方测量、局部地形图测绘、施工期的变形监测以及施工结束后的竣工测量。

施工放样与测量的原理一样，但工作程序恰好相反。测量是获取客观世界中被测物体或对象的位置信息(用坐标和高程)，放样是根据设计物体或对象的位置信息确定其在客观世界中的位置。施工放样前，要根据总图运输设计或工程设计平面图以及地形等条件建立施工控制网，并加密施工测量控制点，施工放样根据控制点坐标、高程和放样点设计位置进行，包括线(中线、轴线)、点和高程放样。

工程监理测量在工程施工阶段特别重要，测量监理起审查、检核和监督作用，以保证工程的质量和进度。国际咨询工程师协会(FIDIC)条例中规定监理具有一票否决权、分割工程权和终止合同的权力。业主、施工方和监理方的关系如下：施工方的测量单位受监理方的测量主管监督，监理方是代表业主执行测量监督。没有测量监理工程师的签字，业主方可以不支付任何费用给施工方。测量监理工作的侧重点与施工单位的测量有很大的区别。下面以公路、桥梁工程测量监理测量工作为例说明。

(1) 在施工开始前，要对施工控制网进行复测、检查。按原规范、原网形进行复测和成果计算比对，检查施工加密控制点。

(2) 验收施工定线。在施工前，检查验收施工方提供的基准点和数据，检查所做的施工定线。

(3) 检查验收作为断面施工图和土石方计算依据的原始地面高程。

(4) 检测桥梁上、下部结构的施工放样，如T梁、板梁、现浇普通箱梁、现浇预应力箱梁的顶面高程放样检测，桩基础、承台、立柱、墩帽等的放样检测等。

(5) 抽查每层路基的厚度、平整度、宽度和纵横坡度。

(6) 检查施工方的内业资料。

(7) 审批施工方提交的施工图，必要时进行补测，保证资料的准确和完整。

施工控制网是整个工程施工的基准，需要建立和维护。局部地形图测绘和竣工测量是施工阶段的重要内容，施工期则需要进行变形监测。

第三节　工程运营管理阶段的测量研究

工程运营管理阶段的测量工作主要是工程建筑物的变形监测，变形监测又称变形观测、变形测量，有时亦称健康监测、安全监测，本书统称变形监测。所谓变形，是指监测点位置的变化，被监测对象的位移、沉降、倾斜、摆动、振动等变化；所谓监测，就是用测量的手段，定期地、动态地或持续地描述出来。变形监测包括建立变形监测网，进行水平位移、沉降、倾斜、裂缝、挠度、摆动和振动等监测。变形监测在工程勘测设计阶段、施工建设阶段也是必需的，例如为了确定某大型水电站的坝址，对坝址下游附近的一个滑坡进行了长期的监测，以确定是否会对大坝和电站发电造成危害。高层建筑在基础开挖到建成的整个施工期间，都要进行变形监测。规范规定，所有大中型电站在运营的全过程中都要进行大坝变形监测，又分为大坝内部变形观测(内观)和大坝外部变形观测(外观)。许多变形监测项目，除了要监测位移、沉降、倾斜等几何量外，还要测量应力、应变、渗流、渗压、风力、风速、水位、水压以及各种温度等物理量，供变形分析之用。有时，变形监测需要的精度要求是当时测量技术方法能达到的最高精度，要花费大量的人力、物力和财力。对于大型特种精密工程来说，变形监测是非常必要的，是人类永恒的测量工作，也是工程测量的最精彩部分。变形分析是涉及许多学科和知识的交叉学科，变形监测分析的目的是进行变形预报。以便采取必要的防治措施，保证工程的安全运营，并验证设计是否正确，为工程设计提供依据。变形监测是基础，变形分析是手段，变形预报是目的。

第四节　工程测量信息管理研究

工程建设的各个阶段都存在着测量信息管理问题，工程测量信息管理的目的在于实现各种测量信息的采集、处理、更新、管理和应用的数字化、一体化、自动化、智能化和网络化。

例如，勘测设计阶段的数字摄影测量可以提供 4D 产品，地面大比例尺测图和水下地形测量数字化，为勘测设计一体化打下了基础，电子全站仪、电子水准仪和 GNSS 接收机的广泛应用，也为测量信息的自动采集、处理和管理打下了基础。随着计算机科学和信息科学的发展，工程测量信息管理从文件管理、数据库管理发展到信息系统管理。极大方便了工程测量信息的处理、更新、应用和管理。

工程测量信息系统是以工程测量信息为主体且为工程服务的一种信息系统,如勘测设计一体化系统、施工测量和放样信息系统、大坝变形监测信息系统、城市地下管线网信息系统等,是一种专题地理信息系统,管理与工程有关的测量和工程信息,为工程的某种目的服务。因此,也可称为工程信息系统。

目前,国内在大坝安全监测自动化、监测资料管理和大坝安全性评价方面有很大进展,如研制了大坝安全自动监测系统、大坝外观变形 GNSS 自动化监测系统、大坝安全监控信息管理系统、大坝安全综合评价专家系统等。大坝管理综合信息系统的基本结构如图 2-1 所示,包括数据采集子系统、大坝安全监测数据库、坝区地理信息子系统、办公自动化子系统、大坝信息发布子系统、安全评价子系统、灾害仿真子系统和系统维护子系统。各子系统的功能如下:

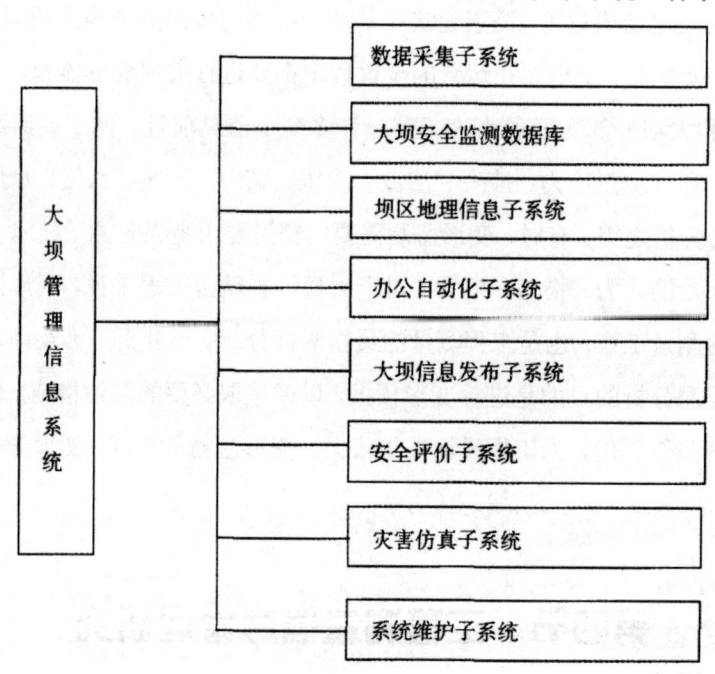

图 2-1 大坝管理综合信息系统基本结构

(1) 数据采集子系统:大坝水平和垂直位移监测网,大坝所有内、外观项目,坝区高边坡,库区滑坡等的数据采集、粗差剔除、格式转换和预处理等。

(2) 大坝安全监测数据库:是大坝变形分析、预报与安全性评价基本数据的共享平台,功能包括:数据检查,数据自动入库,数据的增加、删除、修改、查询、统计、报表、数据转换与输出等。

(3) 坝区地理信息子系统：管理与大坝相关的地理信息，如坝区水下地形、坝区一定范围内的地形和地质构造信息、各类管线信息、交通信息、房屋与土地信息等。与大坝安全监测数据相结合，为大坝的安全性评价服务。

(4) 办公自动化子系统：主要为大坝管理部门实现网络化无纸办公服务。

(5) 大坝信息发布子系统：为部门内部人员获取与大坝信息相关的地理图形信息和数据库信息，部门外部群体可通过因特网或无线通信获取可以公开的信息。

(6) 安全评价子系统：授权专家可以在远程通过因特网进入系统，对大坝进行变形分析、预报与安全性评价，解决我国大坝多与大坝安全性评价专家少的矛盾，实现异地办公。

(7) 灾害仿真子系统：借助三维 GIS、虚拟现实建模语言 VRMl、JAVA 和可视化技术可仿真工程灾害，如大坝失事或溃坝过程，溃坝后的淹没情况，库区和坝区滑坡的发生、发展过程，滑坡引起的浪涌等；可模拟大坝的三维监测场景和设施，操作者和观看者像在大坝外部监测场景和内部监测廊道中漫游，有身临其境的感觉。

(8) 系统维护子系统：系统中的参数设置，数据的保密、维护与更新，系统的安全与防护等。

系统开发平台的选择包括网络环境下应用系统的开发平台选择，地理信息系统基础软件平台选择和数据库平台的选择等，主要应考虑数据的兼容性、开发难度、用户应用成本以及系统的实用性、适应性、维护的方便性、可扩展性等因素。

信息系统设计包括数据库设计，要考虑用户要求，考虑系统的运行效率、可靠性、可修改性、灵活性、通用性和实用性等方面，进行数据库的逻辑模式设计、用户权限的设计、索引文件、中间文件或临时文件的设计以及视图的设计，还要进行系统的输入、输出和界面设计。一个功能完善的测量信息管理系统除包含数据库管理、专业计算分析和图形功能外，还应具有缓冲分析、叠置分析、地形分析等空间分析功能和可视化功能，图形与属性的相互操作等功能。

第三章 工程测量学的理论技术和方法研究

工程测量学的理论是测量学、大地测量学和摄影测量学理论在工程测量中的体现。本章进行了总结和综合，主要有测量误差理论、测量精度理论、测量可靠性理论、灵敏度理论、工程控制网优化设计理论和测量基准理论，工程测量学理论和方法是密不可分的，与测量仪器相联系。本章既按角度(含方向)、距离、高差、坐标等直观测量进行归纳总结，又按地面测量、空间测量和特殊测量进行分类，对工程测量学的理论、技术和方法进行了全面和深入浅出的介绍。

第一节 工程测量学的理论研究

一、测量误差和精度理论

(一) 测量误差理论

1. 测量误差理论及其发展

测量误差包括偶然误差、系统误差和粗差三种。偶然误差又称随机误差，当一个观测值(或称测量值、量测值)的误差受许多因素的影响，而每一因素的影响都较小且量级相当时，则该观测值是随机变量，其误差属于偶然误差，且大多服从正态分布。观测值可以是简单的直接观测值，如钢尺读数、角度或距离读数，也可以是导出值，如测段水准高差、角度或距离的测回均值，也可以是组合值，如组合相位、相位差分等。基于最小二乘法的经典测量平差是建立在观测值只含偶然误差的情况。注意偶然误差有时有系统性影响。

系统误差是大小和符号有规律的误差，许多测量中的系统误差，可以通过测量方案、方法进行消除或减弱，有的可以通过模型进行改正。注意有的系统误差可以通过偶然化减弱。

粗差是大的偶然误差。粗差的特点：大的误差，随机出现，大小与精度有关，能否被发现与可靠性有关；粗差的影响规律：服从狭义可靠性理论；粗差的发现：与多余观测数有关，可进行粗差探测和定值定位。

系统误差的种类：仪器的系统误差，如加、乘常数误差，与仪器鉴定有关，全部观测值都含的系统误差，部分观测值含有的系统误差，如 GPS 接收机相位中心误差，单个观测值所含的系统误差，如大气折光差。这些均可视为粗差，基准点发生变动，引起系统性影响，抵抗和减弱系统误差的方法：

(1) 重复观测。多次读数、多测回、多时段、对向观测、异午观测、往返观测等，减小偶然误差，使系统误差偶然化。

(2) 仪器检测。减小系统误差。

(3) 进行基准点稳定性分析。完善平差的函数模型。

(4) 测站选址。稳定、通视好，减小系统误差。

2．误差分配理论

误差分配理论是测量设计的基础。例如，要确定控制网的精度和施工放样的精度，需要按误差分配理论对误差进行合理分配。限差也是一种误差，如一般取中误差的 2 倍误差为极限误差或容许误差，建筑限差就是一种设计的总允许误差。误差分配主要依据三个原则："等影响原则""忽略不计原则"和"按比例分配原则"。

(二) 测量精度理论

测量精度指测量精确度和准确度的总称。在测量中，精度主要包括仪器的精度和数值的精度，我们讨论最多的是数值的精度。仪器的精度由标称精度描述，如：全站仪的测角、测边精度，GPS 接收机的精度，激光扫描仪的精度和陀螺仪的精度等，它与仪器的分辨率、制造技术和工艺等有关。数值的精度又分为相对精度和绝对精度。相对精度有两种：一种是指观测量的精度与该观测量的比值，比值越小，相对精度越高，如边长的相对精度；另一种是指一点相对于另一点特别是邻近点的精度，相对精度是与基准无关的。绝对精度指一个观测量相对于其真值的精度，或相对于基准点的精度，绝对精度与基准有关，只能在相同基准下进行比较。在统计学的质量控制术语中，精度被称作"设计质量"。

二、测量可靠性理论

如果一个测量控制网的平差模型是正确的,那么平差结果的精度能正确地反映控制网的质量。这里所说的平差模型正确是指观测值和未知数之间的几何关系和物理关系是正确的，观测值是独立的随机变量。然而，在实际应用中常常存在模型误差，例如：观测值和未知数之间的函数关系不正确、观测值中存在系统误差或粗差、观测值的先验精度与实际不合等。在统计学的质量控制术语中,精度被称作"设计质量",在给定模型下,该设计质量的实现如何,需引入一个"实现质量"准则,即网的可靠性准则。为了得到一个好的实现质量,一是对网进行第复测,二是在布网时事先考虑用独立的附加观测值来改善网的结构,这些观测值不仅是必需的,而且可为检验平差模型提供足够信息。可靠性准则不仅可提供衡量控制网观测值间相互控制、检核的量化数值,还能提供可能出现但不易被发现的最大粗差。

测量的可靠性理论最早由荷兰的巴尔达于1967年提出,主要针对控制网的单个粗差,提出了数据探测法及内部可靠性和外部可靠性。李德仁在1985年将巴尔达的可靠性理论进行了扩展,提出了摄影测量平差系统的可靠性理论,从一维备选假设发展到多维备选假设,提出了粗差和系统误差、粗差和变形的可区分性。本书结合工程测量实际,将巴尔达的内部可靠性和外部可靠性扩展到广义可靠性。

三、灵敏度理论

灵敏度定义为:在给定显著水平α_0和检验功效β_0下,通过对周期观测的平差结果进行统计检验,所能发现的变形向量的下界值。对变形监测网而言,在变形监测网设计中,除考虑精度和可靠性外,还要求所布设的变形监测网对需要监测的变形向量具有尽可能高的灵敏度。

灵敏度实质上是特殊方向上的网点精度,可以通过网点的误差椭圆直观地反映出来。变形监测网的灵敏度愈高,则所要求的精度也愈高,即精度与灵敏度是成正比的。

四、工程控制网优化设计理论

过去,将工程控制网的优化设计分为四类,即:零类设计(ZOD,基准设计)、一类设计(FOD 图形设计)、二类设计(SOD,观测精度设计)和三类设计(THOD,已有网改进)。工程控制网的优化设计方法又分为解析法和模拟法两种。随着测量技术和计算机技术的发展,工程控制网的优化设计理论有了很大改变,再不谈四类优化设计和解析法优化设计了。工程控制网的布设更加方便灵活,优化设计也变得更加简单易行。

五、测量基准理论

在测量学科中,测量基准是非常重要的。简明地说,测量基准是由测量坐标系和参考点(称基准点或已知点)组成,如地球的地心坐标系和参心坐标系、国家大地坐标系,城市坐标系、工程坐标系，正常高高程系统和重力参考系统等。基准点组成参考框架，确定坐标系之后，重要的是维护参考框架。参考框架由高精度的控制测量得到，或直接选取高一级的网点组成。

国家大地坐标系是一个涉及面很广且十分复杂的问题，既要立足本国又要考虑全球，要与国外重要的坐标系统相协调，才能获取和更新国内外的一些点的坐标，还涉及与地理信息有关的地图资料的偏差和更新问题。我国现采用的三维地心大地测量坐标系为2000国家大地坐标系(CGCS2000)，该坐标系的定义与国际地球参考框架一致，坐标原点为地球的质心，尺度为在引力相对论意义下局部地球框架的尺度，坐标系定向的初始值由1984.0时国际时间局定向给定，定向的时间演化不会产生残余的全球旋转，采用的参考椭球与正常椭球一致。

工程测量中，涉及基准的设计、建立和维护。对于一些大型工程，需要与国家大地坐标系或城市坐标系相联系，最常采用挂靠坐标系(Related Independent Coordinate System)的方法进行联系，即利用一点的国家坐标系(或城市坐标系)的坐标及该点至另一点的国家坐标系或城市坐标系方位角，并选择测区或建筑物的平均高程面(或指定高程面)作为边长投影面建立的坐标系统。也可采用与多个在国家大地坐标系或城市坐标系里的点进行联测的方法建立一点一方向的挂靠坐标系，例如大型水利水电工程、线路工程、工业企业建设工程和矿山工程都需要与国家大地坐标系或城市坐标系相联系。但是，工程坐标系是工程测量常常用到和必须掌握的坐标系。工程坐标系属于独立坐标系，采用平面直角坐标系和空间直角坐标系。坐标轴与工程的轴线平行，如 X 轴与大坝轴线、大桥轴线、隧道轴线或主要厂房轴线平行，平面直角坐标系与数学上的笛卡儿坐标系不一样，服从左手定则，空间直角坐标系的 Z 轴向上，一般服从右手定则。平面直角坐标系还需要定义在一个高程面上，一般选取测区的平均高程面，或选取便于重要工程放样的高程面，如过隧道地面的高程面、过桥梁墩台顶面的高程面。采用工程坐标系的好处是便于测量、工程设计和施工放样。在工程坐标系中，常采用固定一点和一方向的最小约束基准，即固定一点的坐标和一方向的方位角，尺度由精密电磁波测距或GNSS技术确定，这种基准称最小约束基准。最小约束基准中，基准的选取会影响点位的精度，但不影响点之间的相对精度。需要确保基准点和基准方向的稳定，否则会引起平移和转动。

在工程测量中，除国家大地坐标系、城市坐标系和工程坐标系之外，还涉及许多其他的坐标系，主要有：设计坐标系、施工坐标系、结构坐标系(如天线坐标系、星体坐标系)、摄影的像平面坐标系及像方、物方坐标系、测站坐标系和测量系统的坐标系等。要理解和掌握各种坐标系的定义、建立的必要性、坐标系之间的关系和坐标系间的坐标转换方法、步骤和注意的地方。由于都属于直角坐标系，转换的方法比较简单，涉及平移、旋转和尺度参数，如果转换参数已知,可以直接利用公式进行转换。如果知道几个点(公共点)在两个坐标系的坐标,可以根据转换关系式按最小二乘法求解转换参数。需注意公共点的位置、精度和可靠性;需熟悉各种坐标转换软件及其使用。

由基准点组成参考框架,需要经常检查维护。在多个已知点组成基准框架的情况,需要检验基准点的稳定性,无基准点的设计现已极少采用。

第二节 地面测量技术和方法研究

一、角度测量

确定相交于一点的任意两条方向线之间角度的测量称角度测量。角度是测量中最基本的几何元素,包括水平角、垂直角和方位角。水平角是一点到两目标点的方向线垂直投影在水平面上所构成的角度。垂直角是一点到目标点的视线与水平面的夹角,若视线在水平面之上,垂直角为正,为仰角,否则垂直角为负,为俯角。垂直角也称竖直角、俯仰角或高度角,而视线与铅垂线的夹角称为天顶距。方位角是一点到目标点的视线与真北方向的夹角,是一种特殊的角度。测量水平角和垂直角的仪器主要是经纬仪,分为光学经纬仪和电子经纬仪两大类。电子经纬仪的发展趋势:速度更快、操作更简单、自动化智能化程度更高、数据获取、通讯和处理功能更强大,最高测角精度不可能显著提高,但测距精度还会提高,其中最大测程不会太长,如不超过 4 千米。

二、方向测量

确定地面任一方向与真北方向间夹角的测量称方向测量(又称方位角测量),方向测量是一种特殊的角度测量,用罗盘可以测量地面任一方向与磁北方向间的夹角,但精度较低。用 GNSS(全球导航卫星系统) 也可以得到任一条边在某一坐标系下的方向,但最常用的方法是用陀螺仪直接测量地面任一边的方位角。

三、距离测量

确定任意两点间距离的测量称为距离测量,距离也是测量中最基本的几何量。距离测量的方法主要有三种:直接丈量、间接视距测量、电磁波测距法和双频激光干涉测量。

（一）直接丈量法

直接丈量就是用尺子(测绳、皮尺、钢尺) 直接在地面上测定两点间的距离，一般多用钢尺量距，精度要求高的用铟瓦线尺。钢尺长度有 20 米、30 米、50 米三种，铟瓦线尺一般长 24 米。钢尺量距需要测钎、花杆(标杆)、垂球、温度计、拉力器等，过去常用于工程的施工放样。铟瓦线尺则更复杂，现在很少使用。

（二）视距法

视距法是一种间接测距方法，是利用装有视距丝装置的测量仪器，如光学经纬仪、水准仪或平板仪配合标尺按三角原理测出距离。最简单的视距装置是由下丝和上丝构成的视距丝，与视距法测量配套的尺子称为视距尺。视距法测量距离的精度低，主要用于水准测量中测量前后视距，过去用光学经纬仪、平板仪作大比例尺地形图的模拟法测绘。与视距法原理相似的 2 米横基尺视差法距离测量，在 20 世纪 50－70 年代曾广泛用于导线测量，随着电磁波测距法的兴起，视差法和视差法测距已基本被淘汰。

（三）电磁波测距法

利用电磁波来测定两点间距离的物理法测距是目前最流行、最重要也是最核心的现代化测量技术和方法。在《圣经》中有一句关于测量的描述："他的量带通遍天下，他的言语传到地极。"这里所说的量带，可理解为用电磁波测距的量尺，即调制波波长，言语可理解为信息。指出了测量可在宇宙空间中进行，信息可在宇宙空间中传播。诗篇写于公元前 1000 年左右，在我国的东周时期。尽管《圣经》如此早就作了高度的概括和精辟的预言，但是直到 20 世纪 40 年代，电磁波测距技术才开始用于测量。电磁波(又称电磁辐射) 是由同相振荡且互相垂直的电场与磁场在空间移动的波，按波长(或频率) 可将电磁波分为无线电波、微波、红外线、可见光、紫外线、X 射线、γ 射线和宇宙射线。

（四）双频激光干涉测量

双频激光干涉测量系统由激光器、迈克尔逊干涉系统、偏振器、光电检测器和计算机组成，测量的原理如下：由 He-Ne 激光器产生纵向频率为 f_1、f_2 的左、右旋圆偏振光，频差约为 1.3 兆赫兹。经 1/4 玻片转换为两束正交偏振光。由分光器分出的一小部光，经过偏振器 P_1，拍频后，经光电检测器 1 得到频率为 $f=f_1-f_2$ 的参考信号；由分光器分出的其余的光从光头中射出，进入迈克尔逊干涉系统，该系统由偏振分光镜 PBS、固定角锥棱镜 M_1 和可移动角锥

棱镜 M_2 组成，射出光在 PBS 上分成两束，频率为 f_1 的光经固定角锥棱镜 M_1 返回；频率为 f_2 的光由可动角锥棱镜 M_2 返回，两束光汇合，经过偏振器 P_2 实现拍频，然后进入光电检测器 2，当可移动角锥棱镜 M_2 静止时，光电检测器 2 得到拍频信号为 $f=f_1-f_2$，当可移动角锥棱镜 M_2 移动时，则得到的拍频频率为 $f=f_1-(f_2\pm\Delta f)$，其中 Δf 为可移动角锥棱镜运动所引起的多普勒频移（图 3-1）。

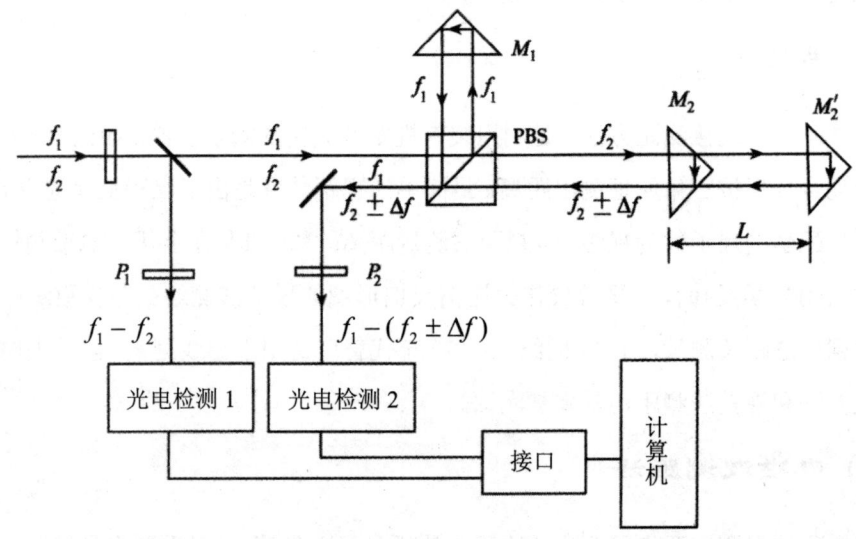

图 3-1　双频激光干涉仪的测量原理

上面就是双频激光干涉仪精密测量长度的原理。按此研制的双频激光干涉仪可实现测距仪、铟瓦水准尺、米纹尺和其他线尺等的自动化检测。

四、高程测量

确定地面或物体上任一点的海拔高程或相对高度的测量称高程测量。高程测量的主要方法有几何水准测量、三角高程测量、液体静力水准测量和 GNSS 高程测量等。高程测量中最基本的观测量是高差，两点之间的高差为两点正常高程(俗称海拔高程)之差，实质上是一种在特定方向上的距离。

(一) 几何水准测量

几何水准测量的原理十分简单，它是利用水准仪提供的水平视线测定两点之间的高差。如图 3-2 所示，A、B 两点的高差为：

$$h_{AB} = a - b \tag{3-1}$$

式中，a 和 b 分别为水准尺的读数，若 A 点的高程已知，则 B 点的高程为：

$$H_B = H_A + h_{AB} \tag{3-2}$$

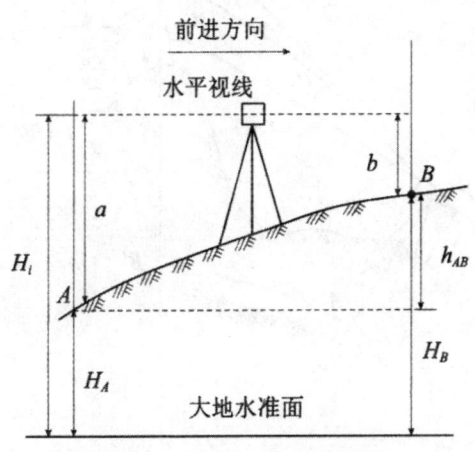

图 3-2　几何水准测量图

光学水准仪是几何水准测量的主要仪器，电子水准仪可实现数字化和自动化测量，而且精度与光学水准仪相当，基本可以替代光学水准仪。电子水准仪的特点：速度更快、操作更简单、自动化智能化程度更高、数据存储、通信和处理功能更强大，精度更高。但视距不能太长(如不能超过 120 米)，不能用于长的跨河水准测量，另外，要求一定的视场，不能通过一个较窄的狭缝进行照准读数。

精密水准测量在工程测量中非常重要，一、二等水准测量属于大地测量中的精密水准测量，在工程测量中也有许多应用，工程测量中的精密水准测量主要是短视线微水准测量，视线长度为 5 米左右，采用专用的微型水准尺和激光水准仪，可自动照准和读数，显著减小照准误差和读数误差，也减小了其他误差的影响，每公里的高差中误差小于 0.2 毫米，测站高差中误差可达 0.01 毫米。

(二) 三角高程测量

三角高程测量是根据两点间的水平距离和观测的垂直角，应用三角公式计算出两点间的高差，如图 3-3 所示。

若采用电磁波法进行距离测量，则称为电磁波测距三角高程测量，使用精密的测角测距全站仪，进行一定的技术设计，电磁波测距三角高程测量可达到四等、三等甚至二等几何水准测量的精度。

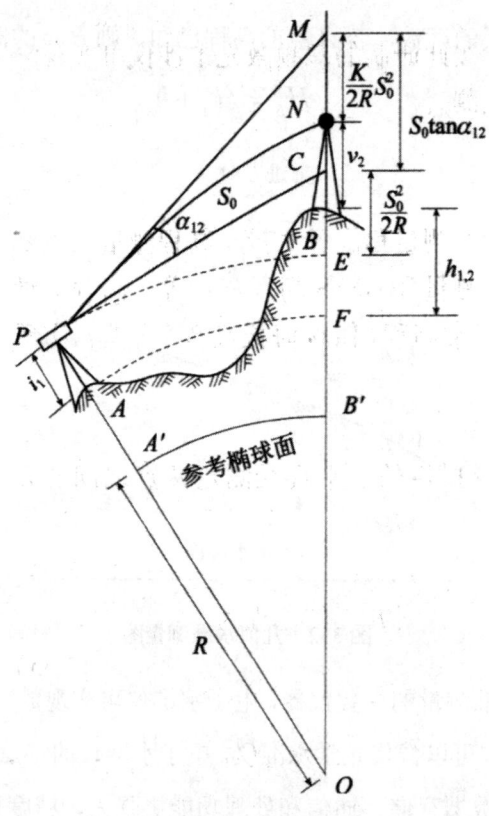

图 3-3 三角高程测量

(三) 液体静力水准测量

直接依据静止的液体表面(水平面)来测定两点(或多点)之间的高差,则称为液体静力水准测量。这是一种古老的测量方法,埃及金字塔建造以及我国殷朝平整城堡地基,就采用这种方法。

液体静力水准测量系统有固定式和移动式两种,容器可以平放也可悬挂。

(四) GNSS 高程测量

采用 GNSS 测量,可得地面上任一点 P 的 GNSS 大地高 H_G,它是地面 P 点到过 P 点的 WGS84 椭球法线与椭球面交点的距离(图 3-4)。

此外,还有基于大地水准面精化模型的 GPS 水准拟合法和 GPS 跨河水准法,其精度要高于单纯的 GPS 水准拟合法,在此从略。

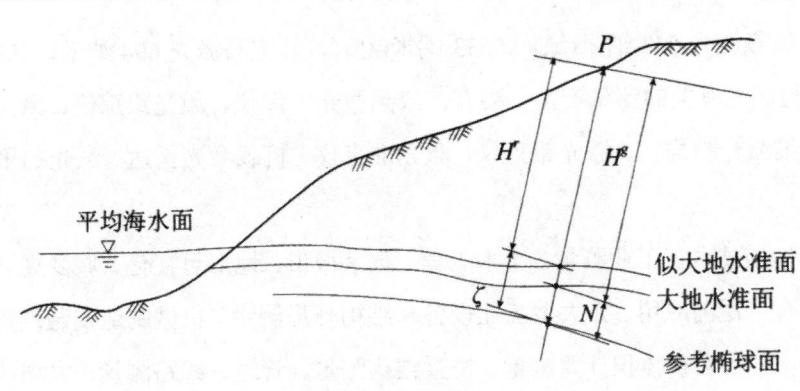

图 3-4 大地高和正高

五、坐标测量

能直接测得物体上目标点或离散点在某一坐标系下坐标的测量称为坐标测量。坐标测量主要的技术方法有：自由设站法、极坐标法、GPS 单点定位法、GPS RTK 法、激光跟踪法、激光扫描法等。主要仪器设备有电子全站仪、GPS 接收机、激光跟踪仪、激光扫描仪和工业三维测量中的一些测量系统等。自由设站法是用全站仪进行边角后方交会，将全站仪自由地架设在地面上任一点，只要能对两个或两个以上已知点作边角测量，即可得到设站点的坐标。此法在大比例尺数字测图和施工放样中经常使用。极坐标法也是用全站仪进行，仪器架设在一个已知点上，后视另一个已知点，测量到待测点的角度和距离，即可得到待测点的坐标。一切激光跟踪仪和激光扫描仪测量点的坐标都是源于极坐标法。GPS 单点定位法和 GPS RTK 法确定点的坐标的方法也是基于距离后方交会和基线测量。

六、三维激光扫描测量

我们知道，激光技术是最重要的技术之一，激光又称"镭射"或"莱塞"，是英文 Light Amplification by Stimulated Emission of Radiation(LASER) 的意译，意思是由受激发射的光放大产生的辐射。激光有定向极好、亮度极高、颜色极纯、能量密度极大四大特点，是"最准的尺""最亮、最奇异的光"。其应用非常广泛，主要有激光加工、激光通信、激光唱片、激光照排、激光光谱、激光武器、激光治疗、激光传感器和激光测距等。

测量上常用的激光测距技术，有双频激光干涉测量、激光束准直测量、波带板激光准直测量、激光跟踪测量、激光扫描测量、机载激光雷达测量、激光测月、激光测卫和激光测高等。

激光波长有：氦氖激光543纳米(绿)、633纳米(红)，红宝石激光694纳米，二氧化碳激光，10600纳米。与激光有关的测量产品主要有：双频激光干涉仪、激光跟踪仪、激光全站仪、激光经纬仪、三维激光扫描仪、激光铅直仪、激光准直仪、机载激光雷达、激光扫平仪和手持激光测距仪等。

三维激光扫描技术在工业测量、土木工程、数字城市、地形可视化、城乡规划、自然灾害调查等领域都有广泛的应用。如大型工业设备和结构外形测量，机械制造安装测量，各种地下工程结构测量，各种面积体积计算测量，桥梁结构测量，管道、线路测量，大坝、桥梁、隧道和建筑物的变形监测，各种灾害估计和监控监测，文物挖掘、复制与保护，各种现场快速重建、虚拟现实以及动画、电影制作等。

七、远程微形变雷达测量系统(IBIS)

雷达是利用电磁波探测目标的电子设备，它发射电磁波对目标进行照射并接收其回波，由此获得目标至电磁波发射点的距离、方位和高度等信息。合成孔径雷达是利用雷达与目标的相对运动把尺寸较小的实际天线孔径用数据处理方法合成孔径的较大的等效天线。

IBIS 是一种基于微波干涉技术的创新雷达。称为地基合成孔径干涉雷达系统或远程微形变雷达测量系统，该系统集成了步进频率连续波技术(SF-CW)、合成孔径雷达技术(SAR)和干涉测量等先进技术，确保 IBIS 系统拥有极高的距离向分辨率和横向分辨率，是高精度变形监测的最新和最具应用前景的一种技术。

步进频率连续波技术(SF-CW) 能够为 IBIS 在距离向提供高达 0.5 米的距离向分辨率，且该距离分辨率的大小与测距无关。

IBIS 微变形监测系统是意大利 IDS 公司和佛罗伦萨大学长达 8 年的合作研究成果。具有远距离、高精度、大范围监测等特点，该系统有 IBIS-1 和 IBIS-S 两套配置。IBIS-1 主要应用于大坝和山体滑坡等项目的监测，IBIS-S 主要应用于桥梁、建筑物等项目的监测。IBIS-1 的测量精度可以达到 0.1 毫米，IBIS-S 的测量精度甚至可达到 0.01 毫米，可探测建筑物上某点高达 50Hz 的振动频率。该系统主要受视线向相位误差和大气折射误差的影响，精度与目标反射率有关。

八、近景摄影测量

摄影机至被摄物体的距离不超过 300 米的摄影测量称为近景摄影测量，可确定被摄物体的大小、位置和几何形状。摄影机分量测和非量测相机，用量测相机的摄影方式有：正直摄影、等偏摄影和交向摄影。

与其他方法相比，近景摄影测量方法有下述显著特点：

(1) 不需要接触被测物体；

(2) 外业工作量小，观测时间短；

(3) 摄影影像的信息量大，利用率高，利用种类多。

数字摄影测量技术的发展为近景摄影测量的应用开拓了更好的前景，与模拟摄影测量有关的一些误差已不需再考虑。

第三节　对地观测技术和方法研究

一、GNSS 技术和方法

全球导航卫星系统 GNSS(Global Navigation Satellite System) 是利用导航卫星建立的覆盖全球的全天候无线电导航系统，是最重要的对地观测技术。它包括美国的全球定位系统(GPS)，俄罗斯的全球导航卫星系统(GlONASS)、欧盟的伽利略导航卫星系统(Galileo) 和我国的北斗导航卫星系统(BeiDou Navigation Satellite System，BDS)。例如 GNSS 的双星系统是 GPS 和 GlONASS 的组合，双星系统接收机可接收 GPS 和 GlONASS 的卫星信号，增加了可见卫星数量，提高了精度、速度和生产效率。各系统有许多相同之处，下面简单讲述。

（一）GPS

1. GPS 的组成部分

该系统包括空间、地面控制和用户三大部分。空间部分有 24 颗卫星，均匀分布在倾角为 55°的 6 个近似圆形的轨道上。地面控制部分由一个主控站、三个注入站和五个监测站组成。主控站接收由监测站跟踪的数据，计算并预报卫星的广播星历，校正卫星的轨道；注入站的作用是把导航数据注入卫星；监测站是对卫星进行连续跟踪监测，计算每颗卫星每 15 分钟的平滑数据，每隔 8 小时传送注入卫星导航信息和其他控制参数。用户部分主要指各种型号的接收机。

2. GPS 的定位原理

卫星按星钟发射伪随机噪声码(称测距码) 经过时间 Δt 后到达接收机。接收机在本身时钟控制下也产生一组结构完全相同的码(称复制码)，通过可调延时器对两组码进行相关处理，可得到卫星信号的传播时间 Δt，乘以电磁波在真空中的速度 c，可得卫星至接收机的距离(称为伪距)，经过电离层和对流层的折射改正，星钟改正，获得卫星至接收机的空间距离，若在接收机站同时观测4个以上卫星，由卫星坐标、卫星至接收机的空间距离可解算出接收机站的坐标，这就是伪距法绝对定位原理。

3．GPS 的定位模式

GPS 测量分单点绝对定位和相对定位两种基本模式。对于伪距单点定位，由于大气层延迟、轨道误差和钟差等误差影响，定位精度较低，只能用于普通的导航及一些低精度作业。精密单点定位采用精密星历和卫星钟差，利用双频观测值组合及对流层延迟模型改正等方法，大大提高了单点定位精度，为单台双频 GPS 接收机作业提供了可能，可用于低等级控制点布设，如水上定位测量、地形图测量和一些施工放样。相对定位的快速静态定位测量，可用于各种工程控制网的布设，可代替大部分地面边角网，如测图控制网、施工控制网和许多变形监测网。GPS RTK(实时动态定位) 及 GPS 网络 RTK 在低等级控制测量、大比例尺图数字测图和施工放样中得到普遍应用。

4．GPS 的数据处理

GPS 数据处理主要包括数据粗加工、预处理、平差、坐标转换等。GPS 数据的粗加工包括数据传输和分流，即将数据从接收机传输至计算机的同时分流成观测值义件、星历义件、测站控制信息文件等。GPS 数据预处理包括卫星轨道方程的标准化、时钟多项式拟合、整周模糊度的估算、整周跳变修复、观测值的标准化和基线向量解算等。平差即组成相位观测值的误差方程、法方程并进行网平差计算及精度评定等。坐标转换包括 GPS 点的 WGS-84 坐标转换到用户坐标系。

5．GPS 的误差和近期发展

GPS 定位误差主要包括与卫星有关的误差、与信号传播有关的误差和与接收机有关的误差三大误差来源，如卫星星历误差，卫星钟误差，对流层、电离层折射误差，多路径误差，接收机钟差。天线相位中心与几何中心不一致的误差，以及接收机的固定误差和比例误差。

GPS 第三代导航卫星，形成 11、12、13 共三个 GPS 信号新格局。第四代卫星(BlockⅢ)，计划 2014 年开始发射，完成后将改变现行六轨道 24 颗星的局面，用 32 颗卫星(3A8 颗，3B8 颗，3C16 颗) 构建高椭圆轨道(HEO) 及地球静止轨道(GEO) 相结合的 GPS 混合星座。在

BlOCK 2R-M 卫星的 l2 上增加 C/A 码，以利于接收机获取双频伪距和双频载波相位观测值，减少 l2 上的周跳，缩短求解整周模糊度的时间，有助于减弱多路径效应及电离层延迟影响。在接收机方面也有不少改进，包括：TrimbleGPSR7、R8 型机上有 R-Track 技术，在 l1 和 l2 上能进行低噪声载波相位测量，精度达 1 毫米；增强了 l2 上 C 码的信噪比，进一步减小多路径误差，可进行低高度角跟踪。leica 公司的 GPS1200 型采用了 Smart Track 技术，可支持升级后的 GPS 卫星信号。

(二) GlONASS

GlONASS(格洛纳斯) 是俄语中全球卫星导航系统的缩写，是苏联 1976 年启动的项目，由俄罗斯继续该计划，作用类似于美国的 GPS 和欧洲的伽利略系统。GlONASS 系统 1993 年开始在俄罗斯建立，2007 年开始在俄罗斯境内作卫星定位及导航服务。到 2009 年，服务范围拓展到全球，包括确定陆地、海上及空中目标的坐标及运动速度等。到 2012 年，有 24 颗卫星正常工作、3 颗维修、3 颗备用和 1 颗测试。GlONASS 星座由中轨道的 24 颗卫星组成，分布于 3 个圆形轨道面上，轨道高度 19100 千米，倾角 64.8°。与 GPS 不同，GlONASS 使用频分多址方式，每颗卫星广播 l1、l2 两种信号，频率为 $l1=1602+0.5625 \cdot k$（兆赫兹）和 $l2=1246+0.4375 \cdot k$（兆赫兹），其中 k 取 1~24，为每颗卫星的频率编号，同一颗卫星满足 $l1/l2=9/7$。GlONASS 在 2015 年完全建成，其定位和导航误差将从目前的 5~6 米缩小为 1 米左右，其精度处于全球领先地位。

(三) Galileo

伽利略系统是按伽利略计划(欧洲的全球导航服务计划) 建设的第一个民用的全球卫星导航定位系统，与 GPS 相比，它更先进、更有效、更可靠。且具有自成体系、能与其他的全球卫星导航系统兼容互动、具备先进性和竞争性、公开进行国际合作等四大特点。

Galileo 由 30 颗卫星组成，其中 27 颗卫星为工作卫星，3 颗为候补卫星，卫星的高度为 24126 千米，位于 3 个倾角为 56°的轨道平面内。Galileo 的民用设计目的将更适合各种不同用户如公用事业、商业服务、营救抢险等。用户可同时接收 GPS 和 Galileo 信号，二者互补，可提供更高的精度和可靠性。伽利略计划的总经费仅为 33 亿欧元，相当于里昂到都灵的高速铁路主隧道的费用。Galileo 提供的信息还是位置、速度和时间，但是服务种类远比 GPS 多，有公开服务(OS)、商业服务(CS)、生命安全服务(SolS)、公共特许服务(PRS) 以及搜救(SAR) 服务。

伽利略提供的公开服务定位精度通常为 15～20 米(单频) 和 5～0 米(双频) 两种档次,公开特许服务有局域增强时能达到 1 米,商用服务有局域增强时为 10 厘米～1 米。伽利略的推动力来源于应用用户和市场需求,对于各种各样应用的认知和开拓,以及可能的经济和社会效益分析,伽利略的特色及其与 GPS 兼容是其成功的关键。市场研究和预测表明,至 2020 年,伽利略的用户数量可达 25 亿个,其中 90%的用户是在批量市场,是与 GNSS 接收机集成的移动电话用户,以受车辆应用系统(telematics) 用户。伽利略系统对于欧盟具有关键意义,它不仅能使人们的生活更加方便,还将为欧盟的工业和商业带来可观的经济效益。更重要的是,欧盟将从此拥有自己的全球卫星导航系统,有助于打破美国的垄断地位,在全球高科技竞争中获取有利位置,为将来建设欧洲的独立防务创造条件。

(四) Compass

北斗卫星导航系统是我国正在实施的自主研发、独立运行的全球卫星导航系统。与美国的 GPS、俄罗斯的 GlONASS、欧盟的 Galileo 并称全球四大卫星导航系统。

北斗系统按照"三步走"的发展战略稳步推进:

第一步:2000 年建成了北斗卫星导航试验系统,使中国成为世界上第三个拥有自主卫星导航系统的国家;

第二步:2012 年,形成了覆盖亚太大部分地区的服务能力;

第三步:2020 年左右,北斗卫星导航系统形成全球覆盖能力。

北斗卫星导航系统空间段将由 5 颗静止轨道卫星和 30 颗非静止轨道卫星组成,提供开放服务和授权服务。

(1) 开放服务是在服务区免费提供定位、测速和授时服务,定位精度为 10 米,军事定位达到厘米级,授时精度为 50 纳秒,测速精度为 0.2 米/秒。

(2) 授权服务是向授权用户提供更安全的定位、测速、授时和通信服务以及系统完好性信息。

"北斗"与"GPS""伽利略"和"格洛纳斯"相比,优势在于短信服务和导航结合,增加了通信功能;全天候快速定位,极少的通信盲区,精度与 GPS 相当,在增强区域即亚太地区,会超过 GPS;为全世界提供的服务都是免费的,在提供无源定位导航和授时等服务时,用户数量没有限制,且与 GPS 兼容,特别适合集团用户大范围监控与管理;无依托地区数据采集用户的数据传输与应用;独特的中心节点式定位处理和指挥型用户机设计,可同时解决"我在哪?"和"你在哪?"的问题;自主系统和高强度加密设计,安全、可靠、稳定,适合关键部门应用。目前北斗卫星设计已经达到国外导航卫星水平,在未来发展中争取在国际导航卫星研制领域处于领先地位。

二、InSAR 技术和方法

InSAR(Interferometric Synthetic Aperture Radar) 即合成孔径雷达干涉测量，简称干涉雷达测量。它是 20 世纪 90 年代末在 SAR 的基础上发展起来的一种新型的空间对地观测技术。雷达是利用电磁波探测目标的一种电子设备，它发射电磁波照射目标并接收其反射波，由此获得目标至发射点的距离、径向速度、方位和高度等信息。合成孔径雷达(SAR) 是利用雷达与目标的相对运动把尺寸较小的真实天线孔径雷达用数据处理的方法合成一个较大的等效天线孔径雷达。合成孔径雷达是一种主动式微波传感器，雷达微波遥感对地表有一定的穿透能力，可以提供可见光、红外遥感所得不到的一些新信息。它的分辨率高，能全天候、全天时工作，能识别伪装、穿透掩盖物,所得到的高方位分辨率相当于一个大孔径天线所能提供的方位分辨率。

合成孔径雷达主要用于航空测量、航空遥感、卫星海洋观测、航天侦察、图像匹配制导和深空探测等。它能识别云雾笼罩地区的地面目标，识别伪装的导弹地下发射井，可探测月球、金星的地质结构，在导弹图像匹配制导中，采用合成孔径雷达摄图，能使导弹击中隐蔽和伪装的目标。在农业、林业、地质、环境、水文、海洋、灾害、测绘与军事领域的应用具有独特的优势，特别是在传统光学传感器成像困难的地区有着更重要的地位。

各国的星载合成孔径雷达系统有：美国的 Seasat-1、Sir-A/B/C、lACROSSE SAR、light SAR 和 Medsat SAR；欧洲的 ERS-1/2、XSAR 和 ASAR；拿大的 Radarsat-1/2；俄罗斯的 Almaz-1；日本的 JERS-1、AlOS/PAlSAR；德国的 TerraSAR-X 以及意大利的 Cosmo-SkyMed 等。

InSAR 乃是以同一地区的两张 SAR 图像为基础，通过求取相位差获得干涉图像，经过一系列处理，从干涉条纹中获取大区域的地形高程数据和地表微量形变信息。

InSAR 通过两幅天线同时观测(单轨模式) 或两次近平行观测(重复轨道模式) 获取地面同一区域的复图像对。由于目标与两天线位置的几何关系，在复图像对上产生相位差而形成干涉图。干涉图中包含斜距方向上点与两天线位置之差的精确信息，利用传感器高度、雷达波长、波束视向及天线基线距之间的几何关系，可精确测量出图像上每一点的三维坐标及其变化。

InSAR 的数据处理过程较为复杂，包括选择合适的 SAR 干涉像对，对 SAR 信号进行成像处理，生成单视复(SlC) 影像，对两幅 SAR 影像进行"过采样"和"方位向预滤波"，以避免在形成干涉条纹中出现频谱混淆；进行 SAR 像对的配准和重采样，进行距离向预滤波，生成干涉图，计算相干系数，作平地效应改正、地形改正；进行干涉图的二次滤波相位解缠和地理编码等，在此不作细述。

　　InSAR 的主要优点是：属于主动式遥感，能全天候、全天时作业，测量结果具有连续的空间覆盖性；可对地壳变形进行准确的测量，是大区域地表沉降、地壳构造变形如板块运动、地震、造山等研究的强有力工具。在工程测量中，主要用于获取大区域的数字高程模型，特别是通过对同一地区不同时间的地表观测，获取地表的微量形变信息，其精度可达到毫米级，这对于大区域的地表沉降观测是多快好省的一种对地观测技术，有十分重要的意义和巨大的应用前景。

三、机载 LIDAR 技术和方法

　　LIDAR 是光探测与测距(Light Detection and Ranging) 英文缩写的意译，又称激光雷达测量。我们已经知道，雷达是发射电磁波对目标进行照射并接收其回波，由此获得目标至发射点的距离、径向速度、方位和高度等信息的一种电子设备。激光雷达(Laser Radar) 则是用激光器作为辐射源的雷达，即激光技术与雷达技术相结合的产物。激光雷达由发射机、天线、接收机、跟踪架及信息处理器等部分组成。发射机是各种形式的激光器，如二氧化碳激光器、石榴石激光器、半导体激光器及波长可调谐的固体激光器等；天线主要指光学望远镜；接收机系各种形式的光电探测器如光电倍增管、半导体光电二极管、雪崩光电二极管、红外和可见光多元探测器件等组成。激光雷达采用脉冲或连续波两种工作方式，探测方法分直接探测与外差探测。将激光雷达测量系统可安装在飞机(含直升机) 上，称机载激光雷达测量系统，它属于主动式直接测量系统，其飞行高度一般为 200～6000 米，使用脉冲激光测距，动态 GNSS 定位和贯导姿态测量，激光脉冲能部分地穿过植被，基本不需要地面控制点，能在危险地区(如沼泽、大型垃圾场) 安全作业、速度快、周期短、时效性强，这也是该技术的优点和显著特点。

　　机载激光雷达测量主要包括机载 LIDAR 系统的组成及工作原理、机载激光雷达测高的原理，机载激光雷达测量的几何模型，测量的误差来源及影响规律；削弱系统误差的方法，测高定位精度的评定方法，机载激光雷达测量数据的滤波和分类方法；建筑物激光雷达数据提取及三维重建方法，LIDAR 距离图像处理方法等内容。需要结合实际应用进行专门的学习，在此不做叙述。

　　机载激光雷达测量可广泛应用于大区域三维地形数据的快速获取。尤其在森林地区，它具有直接获取真实地面的高精度三维信息的能力，是传统航空摄影测量方法无法做到的。该技术和方法在数字地形图测绘、资源勘查、森林调查、城市三维建模、灾害调查、环境监测与评估、机载激光测高以及军事等方面有着极大的发展应用前景。

第四节 特殊测量技术和方法研究

一、基准线法测量

基准线法测量是构成一条基准线(或基准面)，通过测量获取沿基准线所布设的测量点到基准线(或基准面)的偏离值(称偏距或垂距)，以确定测量点相对于基准线的距离的测量，是工程测量学的一种特殊测量，常用于监测直线型建筑物的水平位移和大型线性设备的安装检校。基准线可以是水平的、铅直的或任意的一条不变动的直线，通常平行于被测物体的轴线，如大坝、机器设备的轴线。基准线可用光学法、光电法和机械法产生。基准线法又称准直法，测量偏距的过程也称准直测量。

(一) 光学法

光学法可用电子全站仪(包含原光学经纬仪或电子经纬仪) 的视准线构成基准线，称视准线法，采用测小角法或活动觇牌法测量偏距，也可用准直法和自准直法进行，前者基准线达1000米，后者在数百米或数十米内，若在望远镜目镜端加一个激光发生器，则基准线是一条可见的激光束。视准线法又包括整条基准线法、分段基准线法和逐次递推基准线法，可根据情况选用和设计。

在活动觇牌法中，偏距是直接利用安置在测点上的活动觇牌测定的，活动觇牌读数尺上的最小分划为1毫米，用游标可读到0.1毫米。测小角法和活动觇牌法的主要误差来源都是仪器照准觇牌时的照准误差，它们测量偏距的精度基本相当。觇牌的图案形状、尺寸和颜色的设计与制作很重要，例如要求图案的反差大(白底黑图)，采用没有相位差的平面觇牌，图案应对称，觇牌应有适当的参考面积等。

由于视准线法的精度与置镜点到测点的距离有关，为了获得更高的精度，常采用分段视准线法。即将基准线分成几段，先测分段点相对于基准线的偏距，再测各测点相对于分段基准线的偏距，最后归算到两端点的基准线上。还有一种递推基准线法，是对分段视准线法的一种改进，其观测方案较复杂，多余观测数较多，但精度较高，在此不做细述。

(二) 光电法

光电法是通过光电转换原理测量偏距,波带板激光准直、尼龙丝准直系统和激光准直系统都属于光电法。波带板激光准直中最典型的三点法波带板激光准直系统,如图 3-5 所示。

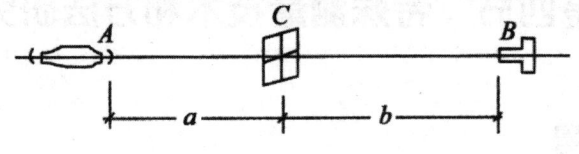

图 3-5　波带板激光准直系统

在基准线两端点 A、B 分别安置激光器点光源和光电探测器,在需要测量偏距的测点上安置波带板,激光器点光源发射的激光照满波带板,通过光的干涉原理,将会在光源与波带板连线的延长线的某点形成一个亮点或十字线,对需要测量偏距的测点可设计专用的波带板。使干涉成像恰好落在安置有光电探测器的 B 点上。波带板激光准直法属于一种光干涉法。利用光电探测器,可以测出 AC 连线在 B 点处相对于基准面的偏离值 BC',则可得到测点 C 对于基准面的偏距,如图 3-6 所示。

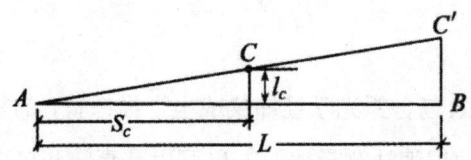

图 3-6　波带板激光准直法测偏距

尼龙丝准直系统由直径 0.25 毫米的尼龙丝、带有探测器的尺子及控制装置三部分组成。尼龙丝采用点针对中在两基准点间拉紧形成一条基准线,带有探测器的尺子强制对准基准点的插座,保持水平并与尼龙丝垂直,建立起过基准点中心且垂直于尼龙丝的垂线,探测器的分辨率为 0.001 毫米。控制装置由逻辑线路、滤波器、前置放大器、功率放大器及伺服回路组成。探测器在精密螺丝杆上移动的距离(即偏距)可由计算器显示出来。该准直系统应用在瑞士离子加速器工程 CERN 的精密测量之中,测量的最大偏距达 520 毫米,在 100 米长基准线上的精度为 0.05 毫米。由于尼龙丝很细,受气流影响较大,要求观测条件稳定。有空气湍流时,将引起尼龙丝振动,使测量结果产生较大误差,这种情况用激光准直系统更好。

激光准直系统由配备专门光学系统的激光源及一台光电管接收机组成。基准线由一束激光束标定,由氦氖激光器发出功率为 1 毫瓦的激光束,经过专门的光学系统后,将激光束的发散度降低到十分之一,且保证光强按高斯分布,这样光电管接收机能够按激光束的发散度和光强准确地探测出激光光束的中心位置。光电接收机放置在滑座上，滑座螺丝杆驱动下沿螺丝杆移动，位置的测量、计数及激光束中心位置的探测等与尼龙丝准直系统相似，所不同的是探测激光束中心位置的光电管按激光束垂直设置，且是借助光电管后面的两个小光电管来保证。它们被激光束的中央条带光照明，这个条带光由将主光电管分为两半的0.5毫米宽的缝隙透射过来，根据差信号电检流计指示，当转动检流计使指针为零时，便达到了垂直的目的。该激光准直系统在长100米的基准线上，可测的最大偏距为600毫米，偏距精度可达0.09毫米。

（三）机械法

机械法是在已知基准点上吊挂钢丝或尼龙丝构成基准线，用测尺游标、投影仪或传感器测量中间的目标点相对于基准线的偏距，机械法的优点是可以克服风和摆动的影响。引张线法是一种典型的机械法，它实质也是一种偏距测量，直线型重力大坝一般设有浮托引张线。引张线由端点装置、测点装置的测线装置三部分组成。端点装置包括墩座、夹线、滑轮和重锤；测点装置包括水箱、浮船、标尺和保护箱等；测线装置包括一根直径为0.6～1.2毫米的不锈钢丝和直径大于10厘米的塑料保护管。钢丝在两端重锤作用下引张成一条直线，构成固定的基准线，由于测点上的标尺是与建筑物固定在一起的，利用读数显微镜可读出标尺刻画中心偏离钢丝中心的偏距值，提高周期观测，可测量大坝的水平位移。一次观测(三测回的均值)的精度可达0.03毫米。类似分段视准线法，也可以采用分段引张线法进行偏距测量。

机械法准直原理也可用于直伸三角形测高，对于拱坝或环形粒子加速器，常布设如图3-7所示的直伸重叠三角形网，每个直伸三角形长边上的高可视为偏距，精密测量这些偏距值，可提高导线点的精度。

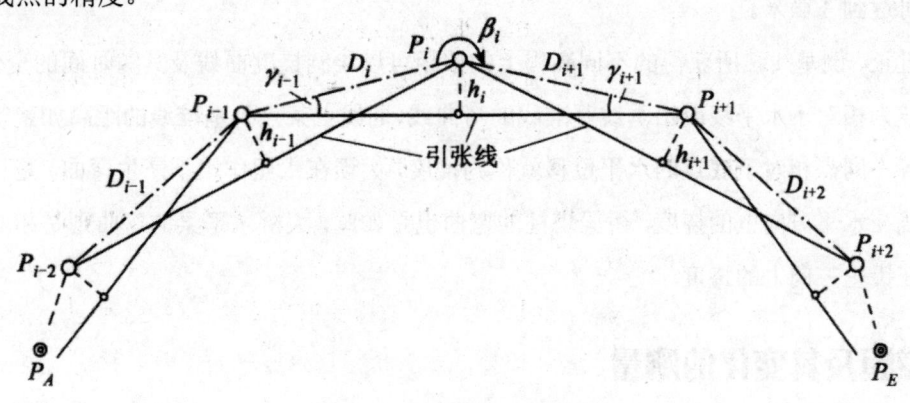

图3-7 环形直伸三角形网

最常用的正、倒垂线法也属于机械法准直测量，乃是以过基准点的铅垂线为垂直基准线。

沿铅垂基准线的目标点相对于铅垂线的水平距离(偏距) 可通过垂线坐标仪、测尺或传感器得到。正垂线法的主要设备包括悬线装置、固定与活动夹线装置、观测墩、垂线、重锤和油箱等。固定夹线装置是悬挂垂线的支点，应安装在人能到达之处，以便调节垂线的长度或更换垂线。该点在使用期间应保持不变，若垂线受损而折断，支点应能保证所换垂线位置不变，当采用较重的重锤时，在固定夹线装置上方 1 米处应设悬线装置。活动夹线装置为多点夹线法观测时的支点，其构造需考虑不使垂线有突折变化，以免损伤垂线，同时还需考虑到在每次观测时都不改变原点位置。垂线是一种高强度且不生锈的金属丝，垂线的粗细由本身的强度和重锤重量来决定，一般直径为 1～2.5 毫米。重锤是使垂线保持铅垂状态的重物，可用金属或混凝土制成砝码的形式。垂线直径为 1 毫米时，重锤重量为 20 千克；直径为 2.5 毫米时，重锤的重量为 150～200 千克。重锤上设有止动叶片，以加速垂线的静止。油箱的作用是不使重锤旋转或摆动，保持重锤稳定。倒垂线法的倒锤装置是利用钻孔将垂线(直径 0.8～1.0 毫米的不锈钢丝) 一端的连接锚块深埋到基岩之中，从而提供了在基岩下一定深度的基准点，垂线另一端与一浮体相连接，垂线在浮力的作用下被拉紧，始终可以恢复到铅直的位置上并静止于该位置，形成一条铅直基准线。倒锤装置的关键是钻孔须铅直，要保证使垂线在钻孔内能自由活动的有效空间。倒垂线的位置应与工作基点相对应，利用安置在工作基点的观测墩(有强制对中装置) 上的垂线坐标仪可同时测定工作基点相对于倒垂线的两个坐标值(x, y) ，比较其不同观测周期的坐标，即可求得工作基点的位移值。目前，垂线观测多采用自动读数设备，如遥测垂线坐标仪 TEIEPENDIUM 分辨率为 0.01 毫米。另外，还有"自动视觉系统"AVS(Automated Vision System)，它采用电荷耦合器(CCD) 照相机，自动拍摄垂线的影像，从而确定垂线位置的变化，分辨率可达到 3 微米。

通过正、倒垂线法所获得的不同高程上的偏距可以绘制挠度曲线及其随时间的变化。所谓挠度曲线为相对于水平线或铅垂线基准线的弯曲线，曲线上某点到基准线的距离如建筑物的垂直面内各不同点相对于底点的水平位移就称为挠度，大坝在水压作用下产生弯曲，是相对于铅垂基准线在水平方向上的挠度，桥梁塔柱的弯曲也是如此，大桥水平梁的弯曲则是相对于水平基准线在铅垂方向上的挠度。

二、微距及其变化的测量

对于小于 50 米的距离，由于电磁波测距仪的固定误差所限不宜采用。根据实际条件可采用机械法，如金属丝测长仪，是将很细的金属丝在固定拉力下绕在因瓦测鼓上，其优点是受温度影响小，在上述测程下可达到优于 1 毫米的精度。

如果传递元素(铟瓦线、石英棒等) 的长度 a、b 保持不变，则只需测微小量 L_i 和 L_{i+1} 即可，这样不仅花费小，而且精度很高(图 3-8) 。瑞士某道路研究所研制的伸缩测微铟瓦线尺由伸缩测量和拉力测量两部分组成，其测微分辨率为 0.01 毫米，ΔL 的精度可达 0.02 毫米。

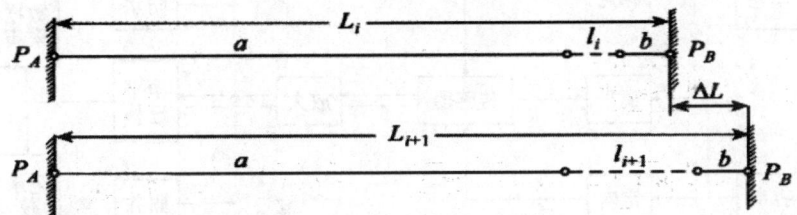

图 3-8　伸缩测微仪原理

图 3-9 所示是用伸缩测微仪测量岩体移动，仪器由滑轮、铟瓦丝、重锤和记录器构成，安装在岩体的两个断层上，可测量断层的相对移动。

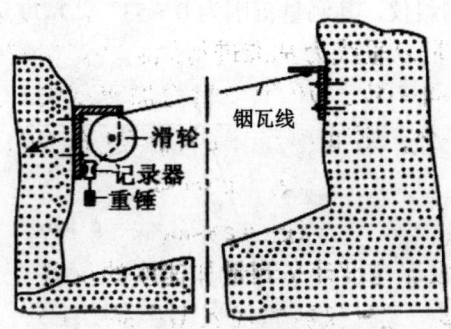

图 3-9　用伸缩测微仪监测岩体移动

三、倾斜测量

确定地面或建筑物倾斜值的测量称倾斜测量，地面上两点之间的倾斜值可通过测量两点间的高差和距离进行计算获得。测量两点之间高差的变化，可得到倾斜值的变化，称为间接法，系采用水准测量或静力水准测量方法。若在一个测点上直接测量偏离基准面(或基准线) 的夹角，则称为直接法倾斜测量，所采用的仪器称倾斜仪。倾斜仪的种类很多，可分为两类，一类是以液体水平面为测量基准面，如气泡倾斜仪；另一类是以铅垂线为测量基准线，如垂直摆倾斜仪和伺服加速度计式倾斜仪。气泡倾斜仪中具有代表性的是用于测量地基倾斜的 JQY-2 型钻孔式气泡倾斜仪，安置在钻孔井中，由探头、控制电路和记录系统三大部分组成。探头部分包括标定、调平、定向、防水、固井电平、放大电路、电缆和传感器等部分；控制电路作调平、定向控制，标定高压稳压电源、低通滤波放大和电平迁移；记录系统作测量和控制数据的采集（图 3-10）。

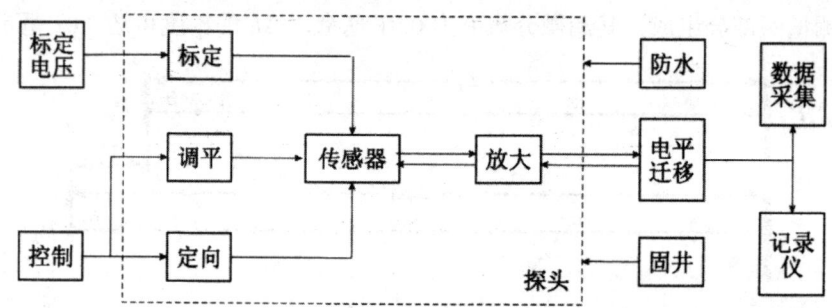

图 3-10　JQY-2 型钻孔式气泡倾斜仪的结构框图

伺服加速度计式倾斜仪是以垂线为基准进行倾斜测量的仪器，如图 3-11 所示。这种仪器的代表型产品有 CX-01 型测斜仪，其测量范围为 0～53°，精度达 4 毫米/15 米，工作深度为 80～100 米。

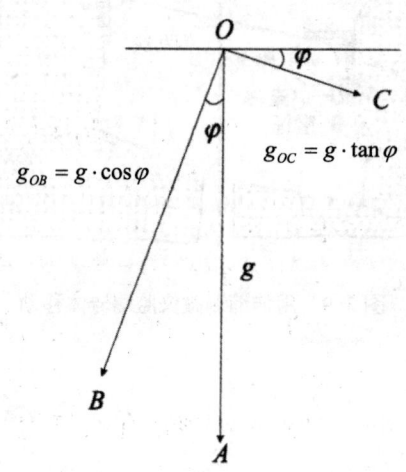

图 3-11　伺服加速度计式倾斜仪原理图

四、挠度测量

挠度是一种特殊的变形位移值，相对于水平或铅垂基准线的弯曲线称挠度曲线，曲线上某点到基准线的垂距称该点的挠度。例如，混凝土重力坝在水压力作用下会发生弯曲，在坝体与坝轴线平行的垂直面内，某一垂线在不同高程的测点相对于垂线底点在垂直坝轴线方向的水平位移即为该点的挠度(图 3-12)，大桥钢梁的弯曲线也是一种挠度曲线(图 3-13)。混凝土重力坝的挠度曲线，可以通过正、倒垂线方法或倾斜测量方法获得。对于高层建筑物在风力作用下发生的挠曲，与倾斜和日照所引起的变形相比，可以忽略不计，主要作倾斜、扭转和振动观测。

用倾斜测量方法获取挠度的原理如下：由测斜仪测得倾角 α_i、α_{i+1} 和两点间的距离 D，可按下式计算挠度曲线各点的倾角 α 和坐标差(图 3-14)，将挠度曲线端点与基准点连测，可得挠度曲线，通过周期观测，可得挠度曲线的变化。

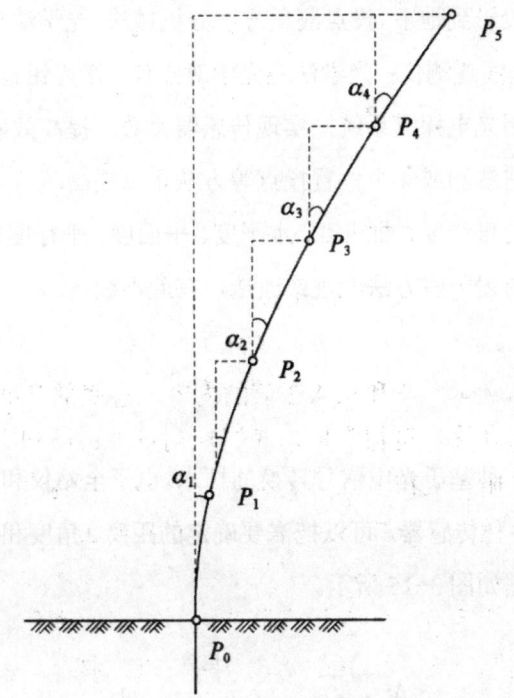

图 3-12 大坝的挠度曲线

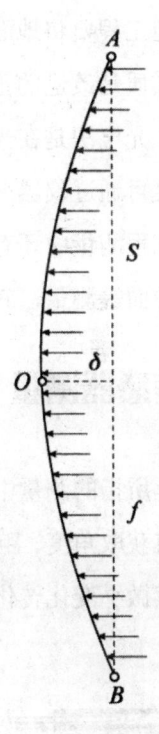

图 3-13 大桥钢梁的挠度曲线

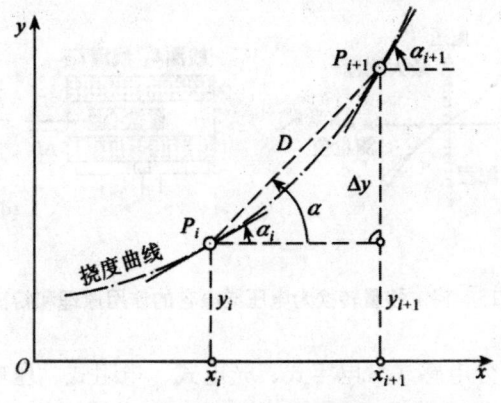

图 3-14 用测斜仪获取挠度

五、投点测量

投点就是将点从一个高程面上垂直投放到另一个高程面上，主要用于高层建筑物几何中心的放样。过底部基准点向上投点一般多采用天顶仪或底向垂准仪，如高耸建筑物常根据底层控制点来放样和安装上部各层的结构；过顶部基准点向下投点则采用天底仪或顶向垂准仪，如矿山和隧道工程要将地面点通过竖井垂直投影到地下。投点测量方法分机械法、光学法和光电法，机械法实质是改进的正、倒垂线法，如垂线遥测仪；光学法有光学对点仪、激光铅直仪和激光垂准仪；光电法是在光学法基础上，采用光电探测系统，实现传感器读数，提高效率和精度。投点精度可通过仪器严格置平、盘左盘右观测或4个位置投点等方法予以提高。

在工程测量中还有与精密定位有关的直线度、曲线度、水平度、平面度、平行度、铅直度、圆度和曲面等测量，其方法可根据本书前述一些方法改进或改造，在此不细述。

六、传感器测量

这里所指的测量中的传感器技术是一种基于光电信号转换的技术。电子全站仪和电子水准仪中就有获取角度、距离和高差读数的各种传感器，可以把需要确定的距离、角度和高差等几何量及其微小变化转化为电信号，其原理如图3-15所示。

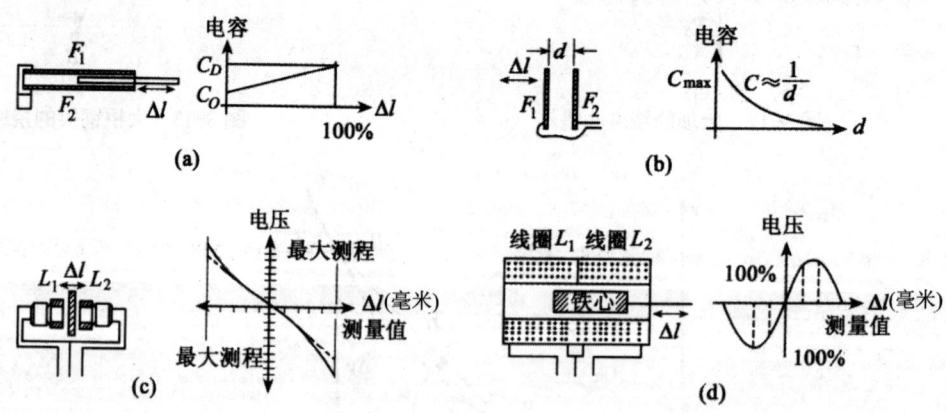

图3-15 将位移量转换为电压或电容的作用原理和特征曲线

传感器按转换原理可分电感式、电容式、光电式、电阻式、压电式和压抗式等信号转换。由上述原理所制造的各种传感器有电感式传感器中的差动变压器、直线式感应同步器、电容式传感器、光栅式传感器、硅光电池、电荷耦合器(CCD，又称固态图像传感器)、数模转换器等。图 3-15 为几种具有代表性的将微小位移量转换为电压或电容的作用原理和特征曲线。图 3-16 表示对同一种垂直位移，可采用不同的传感方法进行获取。将这些用于测量和变形监测的传感器安装在电子全站仪、电子水准仪、伸缩仪、应变仪、准直仪、铅直仪、测斜仪以及静力水准测量系统中，通过数据获取、信号处理、数据转换与通信，可实现测量和变形监测数据获取、传输与处理的自动化和智能化。

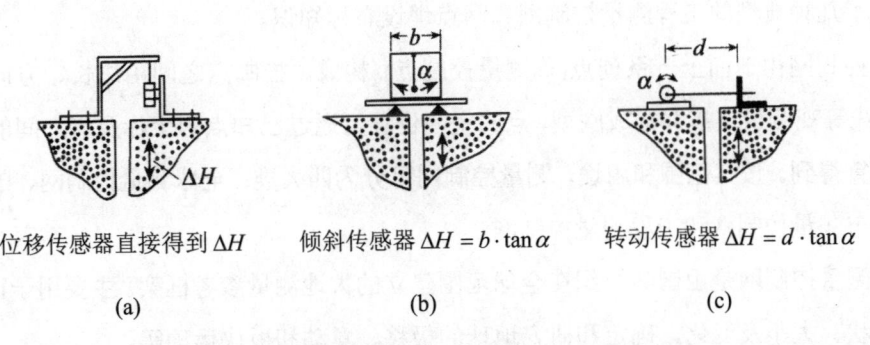

位移传感器直接得到 ΔH 倾斜传感器 $\Delta H = b \cdot \tan\alpha$ 转动传感器 $\Delta H = d \cdot \tan\alpha$

(a)   (b)   (c)

图 3-16 用不同传感方法进行获取同一种垂直位移

第四章 施工控制网建立的相关研究

工程控制网是应用最广泛的测量控制网，本章主要讲述测量控制网的定义，工程测量控制网的分类和特点，对工程测量控制网的布设方法、质量准则和设计计算进行了较详细讲述。最后，介绍了几种典型的工程测量控制网和网点埋设布标知识。

测量控制网由地面上一系列点(称测量控制点)构成，控制点之间由边长、方向、高差或GNSS基线等观测量连接并构成网型，点的空间位置可通过已知点的坐标及点之间的连接按一定方法计算得到。按其范围和用途，测量控制网可分为四大类：全球测量控制网、国家测量控制网、城市测量控制网和工程测量控制网。

全球测量控制网是由国际组织在全球范围建立的大地测量参考框架。主要用于确定、研究地球的形状、大小及变化，确定和研究地球的极移、章动和板块运动等。

国家测量控制网是由各国测绘部门建立全国范围内统一地理坐标系统下的大地测量参考框架，如以地球参考椭球面为基准面的大地坐标或高斯平面坐标系统，以大地水准面为基准面的高程系统，提供点在国家坐标系下的坐标，为大型工程建设、为保证国家基本图的测绘更新、为满足大比例尺图测图的精度要求，提供平面和高程基准。国家控制网采用逐级加密方式布设，其特点是控制面积大，控制点间距离较长，点位的选择主要考虑点的密度、稳定性和网的图形。

城市测量控制网是由城市测绘主管单位建立的城市坐标系统。一般来说，大多数大、中、小城市的城市坐标系统都与国家坐标系相同。其城市控制网与国家控制网相连接。对于像北京、上海、天津、重庆和武汉等特大城市，一般要建立独自的城市平面坐标系，采用与国家坐标系相同的地球参考椭球，也与国家坐标系连接，但中央子午线、投影高程面与国家坐标系的不尽相同，其目的在于减小或控制投影改正。城市高程坐标系统在国家高程基准下建立。

工程测量控制网是工程项目的空间位置参考框架，是针对某项具体工程建设测图、施工或管理的需要，在一定区域内布设的平面和高程控制网。由工程建设单位建立或委托其他测绘单位建立。对于大型工程建设，如京沪、武广高速铁路，其工程控制网要与国家测量控制网连接，采用与国家坐标系相同的地球参考椭球，但中央子午线、投影高程面与国家坐标系的不尽相同。对于一些具体工程如隧道、桥梁、大型厂区和核电站等，可采用独立坐标系，不要求与国家或城市测量控制网连接。

第一节 施工控制网的种类

工程测量控制网是为工程建设提供工程范围内统一的参考框架,为工程中的各项测量工作提供位置基准,满足工程建设不同阶段对测绘在质量(精度、可靠性)、进度(速度)和费用等方面的要求,提供测绘保障。工程测量控制网具有提供基准、控制全局、加强局部和减小测量误差积累的作用。

工程测量控制网可按以下标准进行划分:

按网点性质:一维网(或称水准网、高程网)、二维网(或称平面网)、三维网;

按网形:三角网、导线网、混合网、方格网;

按施测方法:测角网、测边网、边角网、GNSS网;

按基准:约束网、经典自由网、自由网;

按坐标系:附合网、独立网;

按其他标准:首级网、加密网、特殊网、专用网(如隧道控制网、建筑方格网、桥梁控制网等)。

本书按用途进行分类:即分为测图控制网、施工测量控制网、变形监测网和安装测量控制网四种,下面分别进行介绍。

一、测图控制网

顾名思义,测图控制网是为测图服务的测量控制网。为工程建设建立的测图控制网大多是为地面大比例尺数字地形图测绘服务,其作用主要在于保证图上内容精度均匀、相邻图幅正确拼接和控制测量误差的累积。随着测绘科技的发展,过去的三角网、小三角网、导线网或一、二级导线大都不再采用,一般采用两级布设方案,主要 GNSS 技术布网,用导线(网)或 GNSSRTK 作图根加密。

测图平面控制网的精度应能满足 1:500 比例尺测图精度要求,网的控制范围应比测区大一些,网点应尽量均匀,密度视测图比例尺而定。大型工程的测图控制网应与国家控制网联测,可采用挂靠的方法。对于小型或局部工程,可将首级测图控制网布设成独立网。

测图高程控制网通常采用水准测量或电磁波测距三角高程的方法建立,后者可代替三、四

等水准测量,使用中应注意以下几点:

(1) 应控制视线长度,斜距不宜太长(如大于 1 千米),宜采用中间设站法,设站的前后距离大致相等;

(2) 选取有利时间进行观测,有条件时可用两台仪器作对向观测,否则应往返观测竖直角,往返测的时间间隔应尽量短。应精确量测仪器高、觇标高。

(一) 地形图及其比例尺系列

1. 地形图的定义和特点

地形图是指将地球表面的起伏形态和地物的位置、形状采用水平投影的方法并按一定的比例尺缩绘到图纸上,或以数字形式存放在计算机上,后者又称数字(或电子)地形图。

地形图的特点主要有:

(1) 可视性强、易读性好、信息量大。地形图是按一定的数学法则,采用一定的符号系统和制图方法绘制的,综合反映地形地物,可纵观全局,经过简单培训,就可以读懂图上的内容。正射影像图、三维图的可视性、易读性好更好,地形图的信息量很大,包括的地物、地貌等地形要素,地物以比例符号、半比例符号和非比例符号表示,如居民地、道路线、境界线、水系、植被以及各种注记等诸多地理和属性信息,地貌主要以等高线表示。一幅地形图可以称为一个小的地理信息系统。

(2) 具有可量测性,在地形图上可以定向、定位,可以量测距离、方向和面积。

(3) 具有时间性、保密性、现势性。地形图需要实测、修测和更新,有强烈的时间性。许多地形图还属于保密资料,凡能公开的地形图要做一定的技术处理。

基于上述特点,地形图可用于区域概况研究,可作为填绘地理考察内容的工作底图,可作野外工作用图,可作编制专题地图的底图,可在图上进行各种设计计算,还是基础地理信息系统和各种专题地理信息系统的信息来源。

2. 地形图的比例尺

通常把比例尺大于或等于 1∶5000 的地形图称为大比例尺地形图,主要有 1∶500、1∶1000、1∶2000 和 1∶5000,这些是工程测量中最常用的地形图,某些时候,还需用到 1∶100~1∶300 的更大比例尺的地形图;一般把 1∶1 万、1∶2.5 万、1∶5 万、1∶10 万的地形图称为中比例尺地形图;小于 1∶10 万的地形图如 1∶20 万、1∶25 万、1∶50 万、1∶100 万,称为小比例尺地形图。我国规定 1∶1 万、1∶2.5 万、1∶5 万、1∶10 万、1∶25 万、1∶50 万和 1∶100 万 7 种比例尺地形图为国家基本比例尺地形图,其中,1∶1万到1∶5万的地形图是测绘的,1∶10万～1∶100万的地形图是编绘的,例如,德国有全国覆盖的1∶5000的基本地形图,每3～4年更新一次。我国大部分地区测绘有1∶1万到1∶5万的地形图,但1∶1万的地形图都还没有做到全国覆盖。实测的基本地形图比例尺大小和更新周期是一个国家测绘水平发达与否的重要标志。

(二) 地形图测绘简述

长沙马王堆汉墓出土的文物就包括地形图,图中用统一的图例表示居民地、道路、河流、山脉,比例尺大约为1∶170000,不仅内容丰富,准确性高,绘制技术也非常熟练,在颜色使用、符号设计、分类和简化等方面都达到了很高的水平。据考证为公元前170年左右的西汉时期所绘制,是目前世界上发现最早的地形图。清朝康熙年间(1662—1722年),康熙帝在外国传教士的帮助下,亲自领导在全国进行大地测量和地形图测绘,1717年,全国测绘工作结束,按统一的比例绘制了《康熙皇舆全览图》,成了清代后期编制全国地图的蓝本。

德国堪称测绘最发达的国家,最早的地图为1523年巴伐利亚的1∶800000的地形图,德国有全国覆盖的1∶5000的基本地形地籍图,在上面能显示出个人的房屋;基本上是动态修测,每3～4年更新一次。各种比例尺的地形图非常丰富,且能在市场上买到,如非常详细的交通图集、骑自行车的线路图等。

近几十年来,地形图的测绘技术和方法发展很快,地形图的测绘已从人工测绘模拟图发展到自动化测绘数字图。测绘学科有许多课程都涉及地形图的测绘、生产与制作,下面分陆地与水下地形网测绘进行简要介绍。

1. 陆地地形图测绘

在《测量学》或《数字测图原理和方法》课程中主要讲述用地面测绘方法特别是用电子全站仪进行大比例尺地形图测绘;《航空摄影测量学》课程的主要内容是中、小比例尺地形图测绘,生产4D产品:数字栅格地图(DRG)、数字线划地图(DLG)、数字高程模型(DEM)和数字正射影像图(DOM),最常测绘的是1∶2000、1∶5000、1∶10000和1∶25000比例尺的地形网,低空摄影测量也可测绘和生产1∶500和1∶1000比例尺的地形图;地面摄影测量适合测绘山地1∶500到1∶2000比例尺地形图;航天遥感可生产1∶1万到1∶5万比例尺的专题遥感解译地形图,地面遥感则可生产1∶10000到1∶1000比例尺的专题遥感解译地形图;《地图制图学》课程则主要讲述小比例尺地形图如1∶10万、1∶25万、1∶50万、1∶100万的编绘与制作。

随着测绘高新技术的发展,地形图测绘的办法越来越多,例如采用遥感技术可以测绘制作各种中小比例尺地形图和专题图；用机载激光雷达(IIDAR)测绘，以测绘大、中比例尺地形图和专题图，制作数字地面模型；机载和地面激光扫描技术可测绘大比例尺地形图；用合成孔径雷达测量也可测绘制作各种比例尺地形图；无人小飞机摄影测量可灵活地应用于许多情况下的大比例尺地形图测绘；带相机的全站仪(如徕卡的新型全站仪 TS11/15) 能更快更方便地测绘困难地区的大比例尺地形图。GNSS 定位技术中的单点定位(PP)、差分定位(DGPS) 和实时动态定位(GNSSRTK) 技术都可以用于地形图测绘。

2. 水下地形图测绘

水下地形测量包括测点的平面位置和水深测量。平面位置主要采用 GNSS 定位技术确定，水深主要通过各种类型的测深仪得到，由水面高程(水位) 减去水深可得测点的水底高程。其他定位方法如断面索法、测量机器人(智能全站仪) 极坐标法、无线电定位方法以及人工测深方法，因已很少采用，在此从略。

在工程建设中，对于近海、江河、湖泊的水下大比例尺地形图测绘，主要采用 GNSS 技术和水深测量技术，即用 GNSS 技术进行平面定位，用水深测量技术同步测量水深。定位精度可达到 1~5 米，水深测量的精度与测深仪和水的深度有关，如 0.01 米＋0.1％Depth，都能满足各种规范的要求。

(1) 平面定位测量。采用 GNSS 技术进行平面定化主要包括单点定位、单基准站或多单基准站的差分定位和实时动态载波相位差分定位(GNSSRTK)。对于湖泊、水库和江河的水下地形测量，差分定位用单基准站即可对于沿海近岸约 400 千米范围内海域的海底地形测绘，常采用无线电指向标差分全球定位系统(RBN-DGPS Radio Beacon—Differential GIobal Positiun System) 或广域差分 GNSS 定位系统。

(2) 回声测深仪基本原理。水深测量主要采用回声测深仪、多波束测深系统和机载激光雷达测深系统等仪器技术。测深仪的种类很多，主要是向高精度、高效率、高水深、自动化和数字化方向发展。下面简要介绍用于湖泊、水库和江河水下地形测量的回声测深仪基本原理。如图 4-1 所示，设测量声波从某一水面至水底往返的时间为 Δt，可按下式计算水深：

$$S=\frac{1}{2}v\cdot\Delta t \qquad (4-1)$$

(3) 双波束回声测深仪。该仪器采用宽窄两种波束相结合进行水深测量，窄波束的精度高，宽波束的作业深度大，可避免在水流湍急的峡谷河段作业时窄波束丢失水深数据而造成空白。

通过控制窄波束宽度可提高测深精度。宽窄波束发射机在同一换能器上同时发射声波信号，机器记录的两种测深扫描显示在同一记录面上，两种同波记录在模拟记录面的灰度有明显差异，亮度也不同。如双波束回声测深仪采用 200 千赫兹、7.5°窄波束与 24 千赫兹、25°宽波束，宽波束记录呈深色轨迹、窄波束记录呈浅灰色，在河床平坦段两种轨迹线几乎重叠在一起。

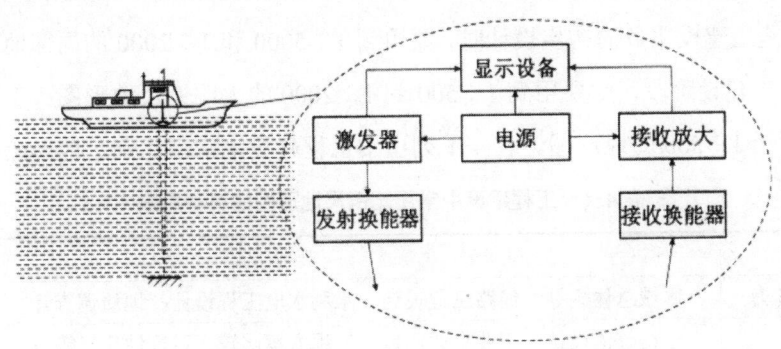

图 4-1　回声测深原理

(4) 回声测深仪的安装和校准。测深前，要先安装和校准回声测深仪。安装时，将换能器头与空心钢管连接计固定在船中部的舷侧，电缆通过空心钢管接到换能器，以减小船起伏对测深的影响，根据所测水域水深、流速和船的航速及吃水深度，换能器的入水深度为 0.3～1 米，声速与水的温度、含盐量以及压力的变化有关，在不同水体和季节，仪器的声速不同，测定声波在水中的传播速度很重要，可采用比对法在现场检测和校准测深仪。测船行驶到一定水深处，同时用测深杆(或测深锤)和测深仪测量水深。

(5) 水位观测。水位是指水体的自由水面高出固定基面以上的高程。水位观测是通过观测水尺读数来确定水位的一项作业。在河流和海洋测绘水下地形图时，必须考虑水面高程随时间的变化，要通过水位观测将测深数据与地面高程系统联系起来的，进而获得水底高程。一个简单的水位观测站，在岸边水中设立一根标尺，标尺起点高程 H_0 可通过与陆地水准点联测得到。水下地形测绘期间，按一定时间间隔(如 10 分钟或 30 分钟)对标尺进行读数，并绘制水位—时间曲线图，即可得测深时水面的瞬间高程 $H_0+\Delta Z(t_i)$，则水底的高程为 $H_0+\Delta Z(t_i)-S(t_i)$。

为了保证成图质量，一般要在室内的图上设计测深断面线，测深断面线和测深点的间距与测图比例尺有关，可参见有关规范。因为水下地形点的平面位置和高程(水位和水深)是分别进行的，应特别注意同步性，采用 GNSS—RTK 定位时，同步性是易于实现的。这些工作主要有：定位、测深数据汇总与检核；根据水位观测计算测点高程；绘制各种比例尺的水下数字地形图、纵横断面图和水下数字地形模型。

（三）工程建设对地形图的要求

1. 工程建设对地形图比例尺的要求

工程建设根据工程的规模和阶段的不同，对所需地形图比例尺的要求也不同。一般来说，在规划设计阶段，主要用到1∶1万到1∶5万的中小比例尺地形图，极少用小于1∶5万的地形图。但是为施工建设服务的初步设计时，要用到1∶5000和1∶2000的局部地区或带状地区的地形图；施工建设阶段，则要用到1∶500到1∶2000的大比例尺地形图；工程细部还可能需要比例尺大于1∶500的地形图。表4-1列出了工程建设中常用比例尺地形图的典型用途。

表4-1　工程建设中常用比例尺地形图的典型用途

比例尺	典型用途
1∶1万到1∶5万	区域总体规划、线路工程设计、水利水电工程设计、地质调查等
1∶5000	工程总体设计、工业企业选址、工程方案比较、可行性研究等
1∶2000	工程初步设计、工业企业和矿山总平面图设计、城镇详细规划等
1∶1000或1∶500	工程施工图设计、地下建(构)筑物与管线设计、竣工总图编绘等

2. 工程建设对地形图的精度要求

对于中小比例尺地形图来说，其精度都能满足工程建设的用图要求。对于大比例尺地形图的精度，《工程测量规范》有明确的规定，例如：工业企业和矿山，主要建构筑物细部点点位中误差不能超过5厘米、高程中误差不能超过2厘米。这里我们根据规范制定的工程最高精度要求，讨论全站仪数字测图方法所能够达到的精度，能否满足这一规定。

二、施工测量控制网

为工程施工建设服务的测量控制网称为施工测量控制网，它的作用在于为施工放样、施工期的变形测量、施工监理测量和竣工测量等提供统一的坐标系和基准。施工平面控制网具有以下特点：

(1) 精度要求较测图控制网高。如工业厂房主轴线的定位精度为1厘米，4千米以下的山岭隧道，相向开挖时隧道中线的横向贯通中误差为5厘米。

(2) 根据工程规模，可多级或两级布网，有些工程的次级网可能比首级网的精度高。例如含建筑物和道路管线等项目的工程，项目轴线间的几何联系比细部相对于轴线的精度要求低。因此，先建立用以放样各建筑物主轴线的首级网，再根据各工程项目要求建立次级网，次级网的精度比首级网的精度高。

(3) 控制点使用频繁，受施工干扰大，点的密度较大，需要作定期复测。控制点常直接用于放样和施工期的变形测量，使用频繁，现代化施工多采用交叉作业法，建筑物的施工高度有时相差悬殊，施工场地复杂、施工机械遮挡、施工人员较多，影响网点间的通视。因此，点的密度较大，应在施工设计总平面图上精心布置点位，考虑施工场地、施工程序和施工方法，考虑控制点的稳定性、长期保存性和使用方便性等。施工期需要定期复测。

(4) 为了便于坐标计算和施工放样，控制网的坐标系与施工坐标系一致。在设计总平面图上，建筑物的平面位置采用施工坐标系的坐标来表示。施工坐标系是以建筑物的主要轴线为坐标轴而建立的局部直角坐标系统。如水利枢纽工程用大坝轴线作为坐标轴，桥梁工程用桥轴线作为坐标轴，隧道工程用隧道中线为坐标轴，工业厂区则采用主要厂房或主要生产设备的轴线作为坐标轴，且尽可能有控制网点布设在主轴线上。

(5) 为了不作投影改正和便于放样，投影面与工程的平均高程面应一致。工业厂区采用厂区平均高程面，桥梁工程要求化算到桥墩顶的高程面，隧道控制网则应投影至隧道平均高程面，有的工程要求投影到放样精度要求最高的平面。

施工高程控制网通常按两级布设，即布满整个施工场地的基本高程控制网与根据各施工阶段放样需要而布设的加密网。首级高程控制网通常采用三等水准测量建立，加密则用四等水准测量。加密网点一般为临时水准点，布设在建筑物近旁的不同高度上，开始作为沉陷观测点使用，当浇筑混凝土块的沉陷基本停止后，则作为临时水准点使用。

施工平面控制网和高程控制网通常单独布设。对于位于工程平坦地区的工程，如工业厂区，平面控制点通常兼作高程控制点。

(一) 建筑限差

建筑限差是指建筑物竣工后实际位置相对于设计位置的极限偏差，又称设计或施工允许的总误差。建筑限差与建筑结构、用途、建筑材料和施工方法有关，如按建筑结构和材料分钢结构、钢筋混凝土结构、毛石混凝土结构和土石结构等。其建筑限差由小到大排列：按施工方法分预制件装配式和现场浇筑式，前者的建筑限差要小一些，钢结构中用高强度螺栓连接比用电焊连接法的建筑限差要小。一般工程如混凝土柱、梁、墙的建筑限差为10~30毫米；高层建筑物轴线倾斜度的建筑限差要求高于1/1000~1/2000；钢结构的建筑限差为1~8毫米；土石结构可达10厘米；有特殊要求的工程项目，设计图纸上有明确的建筑限差要求。

建筑限差按不同的建筑结构和用途，应遵循我国现行标准执行。如《混凝土结构工程施工质量验收规范》(GB50204-2011)、《钢筋混凝土高层建筑结构设计与施工规程》(JGJ3-91)、《建筑工程施工质量验收统一标准》(GB50300-20132)等。

(二) 施工放样的定义

所谓工程的施工放样，就是将网上设计的工程建(构)筑物的平面位置和高程按设计和施工的要求，以一定的精度在实地标定出来，作为工程施工的依据。放样又称测设，其目的和顺序与测量恰好相反，测量是将地面上的地形、地物描绘到图上，而放样是将图上设计的工程建(构)筑物标定到地面。

施工放样是直接为施工服务的，放样中的任何差错，都将影响工程的质量和进度，测量人员要具有高度的责任心。放样前要熟悉工程总体布置图和细部结构设计图，找出主要轴线和主要点，以及各细部间的几何关系，结合现场条件，选择仪器设备和确定放样方法，精心放样，随时检查、校核，以确保工程质量和施工的顺利进行。

(三) 施工放样的种类

施工放样的种类可分为角度放样、距离放样、点位放样、直线放样、铅垂线放样和高程放样等。下面予以简单介绍：

(1) 角度放样。角度放样的实质是：从某一已知方向为基准，放样出另一方向，使两方向间的夹角等于预定的角度。角度放样可用经纬仪或全站仪，通过盘左、盘右定点取中的办法进行。

(2) 距离放样。距离放样是将设计图上的已知距离按给定的起点和方向标定出来，可用钢尺放样，也可用电磁波测距放样。

(3) 点化放样。点化放样是根据图上的被放样点的设计坐标将其标定到实地的测量工作。工程建筑物的形状和大小，是通过一些特征点描述的，如矩形建筑的四个角点、线形建筑的转折点等。点位放样是建筑物放样的基础。

(4) 直线放样。直线放样是将设计图上的直线如建筑物的轴线在实地标定出来。常用经纬仪或全站仪的正倒镜法进行放样。

(5) 铅垂线放样。为了保证离层建筑物的垂直度，需要放样铅垂线。

(6) 高程放样。把设计图上的高程在实地标定出来。

上述所有的放样均可归结为点的放样。

三、变形监测网

为工程的安全、健康而布设的控制网称为变形监测网。既要保证施工期的安全，也要保证工程运营管理期的健康(安全)。对于平面变形监测网来说，其特点主要有：

(1) 变形监测网由参考点、工作基点和目标点组成。参考点位于变形体外，是网的基准，应保持稳定不变；工作基点离变形体较近(甚至在变形体上)，用于对目标点的观测；目标点位于变形体上，变形体的变形由目标点的运动描述。

(2) 变形监测网必须进行周期性观测。各周期应采用相同的观测方案，包括相同的网型、网点，相同的观测仪器和方法，相同的数据处理软件和方法。如果中间要改变观测方案(如仪器、网型、精度等)，则须在该观测周期同时采用两种方案进行，以确定两种方案间的差别，便于进行周期观测数据的处理。

(3) 变形监测网的精度要求很高，最好选用当时技术条件所能达到的最高精度。

(4) 除精度、可靠性外，还要顾及变形监测网的灵敏度。

(5) 变形监测网一般采用基于监测体的坐标系统，该坐标系统的坐标轴与监测体的主轴线平行(或垂直)，变形可通过目标点的坐标变化来反映。

变形监测网还有其他一些特别的地方，如：一个网可以由任意几个网点组成，但至少应由一个参考点、一个目标点(确定绝对变形) 或两个目标点(确定相对变形) 组成。对一个高塔作变形监测，甚至可以只通过一个参考点进行。对一条堤坝的变形监测，可布置成一条平行于堤坝的导线作为参考网，通过观测左、右角和重复测量提高自身可靠性，目标点设在堤上，其位置由多参考点进行前方交会得到。

对于高程的变形监测，有许多特点是相似的。高程基准点需要采用一、二等水准作周期观测，高程的变形监测大多采用水准测量方法进行。

(一) 变形监测的定义和分类

1. 变形监测的定义

变形监测是对监视对象或物体(简称变形体) 进行定期测量以确定其空间位置随时间的变化特征，变形监测又称变形测量或变形观测。它包括全球性的变形监测、区域性的变形监测和工程建筑物的变形监测。全球性的变形监测是对地球自身的动态变化如自转速率变化、极移、潮汐、全球板块运动和地壳形变的监测；区域性的变形监测是对区域性地壳形变和地面沉降的监测；工程建筑物的变形监测是对工程建筑物、构筑物(简称工程建筑物) 、机器设备以及其他与工程建设有关的自然或人工对象进行定期测量以确定其空间位置随时间的变化特征。工程建筑物有大坝、厂房、船闸、桥梁、隧道、高层建筑物、地下建筑物和古建筑等；机器设备有大型科学实验设备、飞机、船舶、运载工具、火箭、天线和油罐等；与工程建设有关的自然或人工对象有滑坡、岩崩、高边坡和开采沉降区等，都是被监测的变形体。定期测量则是时间上的离散观测，分静态变形和动态变形监测，静态变形通过周期测量得到，而动态变形需通过持续监测得到，持续监测也按周期时段性设计，几乎没有长期的、永久性的持续监测。变形体用有代表性的位于变形体空间上离散的监测点来代表，监测点的空间位置随时间的变化可以用来描述变形体的变形情况。

对于工程的安全来说，变形监测为变形分析提供基础数据，变形分析又是为变形预报服务的。根据变形预报来修改监测方案，指导工程管理、整治和灾害预防。因此，变形监测是基础，变形分析是手段，变形预报是目的。

工程建筑物的变形监测分析与预报是20世纪70年代发展起来的新兴学科方向，工程建筑物以及与工程建设有关的对象发生灾害，关系到人民生命和财产的安全，受到国际社会的广泛关注。许多国际学术组织，如国际测量师联合会(FIG)、国际大地测量协会(IAG)、国际岩石力学协会(ISRM)、国际大坝委员会(ICOLD)和国际矿山测量协会(ISM)等，都非常重视该领域的研究，并定期举行学术会议，交流研究对策。

2．变形监测的分类

工程建筑物的变形可又分为两类：变形体的刚体位移和变形体的自身形变。刚体位移包括变形体的整体平移、转动、升降和倾斜四种变形；自身形变包括变形体的伸缩、错动、弯曲和扭转四种形变。

工程建筑物的变形监测(简称变形监测)主要分水平位移监测、垂直位移监测两大类，还包括倾斜、挠度、偏距、震动、裂缝和伸缩、错动、弯曲、扭转等的监测。水平位移是监测点在平面上的变动，它可分解到某一特定方向；垂直位移是监测点在铅直面或大地水准面法线方向上的变动。水平位移和垂直位移检测既可描述变形体的刚体位移，也可描述变形体自身的形变。倾斜可用测倾仪测得，也可用水准测量得到，还可以通过水平位移(或垂直位移)测量和距离测量得到。偏距可视为某一特定方向的水平位移，挠度可视为在不同高度的水平位移或不同跨度上的垂直位移。扭转可通过对监测点的持续观测得到，震动也需要对监测点作持续观测。弯曲可通过多点的水平位移、垂直位移监测得到，伸缩、错动、裂缝测量则可视为特殊的位移监测。

除了上述变形监测，在变形监测中还要对与变形有关的物理量进行检测，如温度、气压测量，应力、应变测量、水位、水压测量，渗流、渗压、扬压测量，静荷载、动荷载以及时间的测量等。

(二) 变形监测的意义

变形监测的意义(作用或目的)主要表现在以下两个方面：

(1) 实用上的意义：保障工程安全，监测各种工程建筑物、机器设备以及与工程建设有关的地质构造的变形，及时发现异常变化，对其稳定性、安全性做出判断，以便采取措施处理，防止事故发生。对于大型特种精密工程，如大型水利枢纽工程、核电站、粒子加速器和火箭导弹发射场等更具有特殊的意义。

(2) 科学上的意义：积累监测资料，能更好地解释变形的机理，验证变形的假说，为研究灾害预报理论和方法服务，检验工程设计的理论是否正确，设计是否合理，为以后修改设计、制定设计规范提供依据。如改善建筑的物理参数、地基强度参数，以防止工程破坏事故，提高抗灾能力等。

例如：通过对工程建筑物的变形监测，可以检验设计的尺寸、断面、坡度是否合理；隧道开挖时是否会造成垮塌和地面建筑的破坏；对于机器设备，则可保证设备安全、可靠、高效地运行，为改善产品质量和新产品的设计提供技术数据；对于滑坡，通过监测其随时间的变化过程，可进一步研究引起滑坡的原因，改进预报模型，同时也可以检验滑坡治理的效果；通过对矿山由于矿藏开挖所引起的实际变形的观测，可以采用控制开挖量和加固等方法，避免危险性变形的发生。

(三) 变形监测的特点

变形监测的特点可以归纳为以下三个方面：

(1) 变形监测贯穿于工程建设和运营的始终，需要进行长期的重复观测。在变形监测中称周期观测或按时段的持续观测。所谓周期观测就是许多次的重复观测，每次称一个周期，第一次称初始周期或零周期。每一周期的观测方案如变形监测网的图形、使用仪器、作业方法乃至观测人员都应尽可能一致。许多变形监测项目如偏距、倾斜和挠度等几何量，以及与变形有关的物理量，可采用传感器技术自动地获取监测数据。持续观测又称为动态观测，对扭转、震动等变形需要进行长时段的动态观测；对于急剧变化期(如大坝洪水期、滑坡临滑期等)也应作持续动态监测。

(2) 精度差别很大，有极高精度要求。不同工程建筑物、不同阶段、不同的变形监测项目，要求的精度不同，相差非常大。对于一般工程进行的常规监测，为积累资料而进行的变形观测，精度可以低一些；而对大型特种精密工程，对人民生命和财产相关的变形监测项目，则要求精度很高。但具体要多高的精度，是很难确定的，设计人员也很难回答各种不同的监视对象能承受多大的允许变形值，总希望把精度提得更高一些，甚至能得到真值最好。但由于变形监测的重要性和测量技术的快速发展，监测费用在整个工程费和运营费中用所占的比例较小，故对变形监测常采用一种极高精度要求,即"以当时能达到的最高精度为标准进行变形观测"。

(3) 对遥控、遥测和自动化要求更高。现代工程建筑物的规模大、建造快、结构复杂、造型丰富,变形信息获取的空间分辨率和时间分辨率要求提高,许多变形监测仪器都实现了自动化。要求能在恶劣环境下长期稳定地工作。遥控、遥测和自动化成为现代工程建筑物变形监测的又一特色。

(四) 变形影响因子和变形模型

1. 变形影响因子

引起工程建筑物变形的原因有多种多样,如地壳运动、基础形变、地下开采、地下水位变化、作用在工程建筑物上的各种荷载(包括风、日光、雪、冰、暴雨、水压、地震、滑坡、泥石流、自重、桥上的车辆等) 以及机械设备安装偏离设计值等。变形原因的时间特征又表现为急剧变化、随机变化、近似线性变化、周期变化等多种情况。我们将引起变形的原因称为变形影响因子。变形影响因子中,有的是可测量的,有的是难于定量描述的,应对引起工程建筑物变形的影响因子进行定期测量或与变形监测同步同时测量。如前所述,对与变形有关的物理量如温度、气压、应力、应变、水位、水压、渗流、渗压、扬压、静荷载、动荷载以及时间等进行测量。在后面变形监测数据处理中,回归分析法就要用到各种有关的物理量。

2. 变形体的几何模型

变形监测是通过对变形体进行空间上的离散化和数据获取在时间上的离散化实施的。空间上的离散化表现为将变形体用一定数量的有代表性的位于变形体上离散的监测点(亦称目标点)来代表,数据获取在时间上的离散化表现为对这些离散的点进行周期性或分时段连续性的监测。为了得到变形体的刚体位移(即绝对变形) 和自身的形变(相对变形),除了在变形体上布设目标点外,应在变形体之外布设作为变形监测基准的点,即基准点(或称参考点),为了便于对目标点进行观测,在变形体附近或变形体上布设的测站点称工作基点。参考点、工作基点和目标点之间可通过距离、角度、高差或 GPS 基线(称为连接元素) 等几何量相互连接。

变形监测网是由参考点、工作基点和目标点构成。需要指出的是:不是所有的目标点都能构成到变形监测网中去,监测网点都在地表,相互需通视或通过 GPS 基线连接。但目标点可以而且有时需要布设在地下,如大坝的坝体内、厂房内、船闸内或边坡内。变形体的相对运动即自身的形变可通过对目标点之间的连接元素进行周期性或连续性测量(称相对定位) 得到。变形体的绝对运动则是通过对位于变形体之外的参考点、工作基点与位于变形体之上的目标点之间的连接元素进行周期性或连续性的测量(称绝对定位)得到。参考点的坐标可看成是不变的(不变量)，目标点坐标是变化的(可变量)，根据目标点坐标随时间的变化可导出变形体的变形曲线。变形监测的目的就是确定目标点之间的相对运动以及目标点相对于变形体周围的绝对运动。

参考点、工作基点和目标点定义在一个统一的坐标系中，我们将参考点、工作基点和目标点及它们之间的连接称为变形体的几何模型(图 4-2)，变形体及其随时间的变化可根据它的几何模型得到和描述。

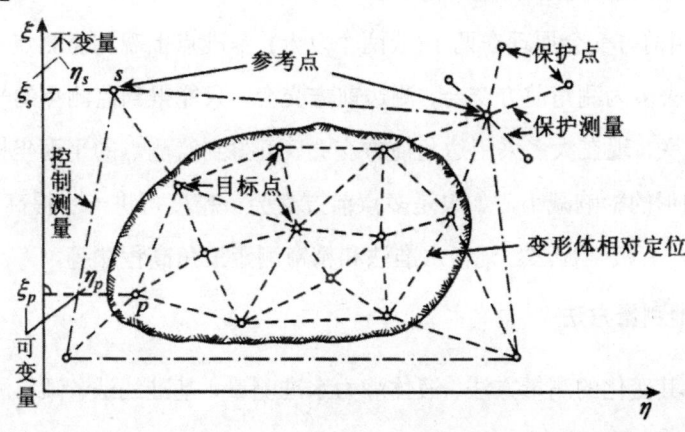

图 4-2 变形体的几何模型

3. 变形模型的一般表达式

一个变形影响因子(或称影响因子)引起变形体在 t 时刻的变形量 $y(t)$，不仅与该时刻的变形影响因子大小有关，而且与该时刻以前各时刻的变形影响因子大小有关。变形模型的一般表达式可以表示如下：

$$y(t)=\int_0^\infty g(\tau)x(t-\tau)\mathrm{d}\tau \tag{4-2}$$

式中，$x(t-\tau)$ 为 $(t-\tau)$ 时刻变形影响因子的大小，为观测量，$g(\tau)$ 为它的权函数，相当于对变形量 $y(t)$ 的贡献，τ 为回返时间间隔。

$g(\tau)$ 与变形影响因子及变形体有关，难于建模，要根据实际情况进行估计。如矿山开挖引起地表沉陷，建筑自重荷载增加引起基础沉陷，温度变化引起混凝土变形等，这些变形观测量的权函数可根据传递常数和时间常数进行估计。

(五) 变形监测的技术和方法

1. 常规的大地测量方法

常规的大地测量方法即用常规大地测量仪器测量方向、角度、边长、基线和高差等所采用方法，有布设成地面网或 GPS 监测网通过周期观测确定点位变动的网观测法、还有视准线法、交会法、极坐标法、几何水准法、精密测距三角高程法等。常规的大地测量仪器主要是电子和光学水准仪、电子全站仪、GPS 接收机等。

(1) 网观测法。是将基准点、工作基点、监测点用水准测量、地面边角测量或 GPS 技术构成网型，通过周期观测和平差确定监测点的高程、坐标及其变化。

(2) 视准线法。即基准线法测量的光学法。

(3) 交会法。用前方交会原理在两个(或两个以上)基准点上观测监测点，求取监测点的平面坐标的方法。过去多为测角前方交会、测边前方交会，只能得到监测点的平面坐标，且点位精度与交会图形有关。现在大多采用边角前方交会，可得到监测点的平面坐标和高程，点位和高程精度受交会图形的影响减小，如果是多点前方交会，精度可进一步提高。

(4) 其他方法。有极坐标法、几何水准法和精密测距三角高程法等。

2．特殊的大地测量方法

包括微距离及其变化的测量方法、液体静力水准测量、基准线法、倾斜测量、挠度测量和传感器测量等方法。

3．现代高新测量方法

有三维激光扫描测量法、合成孔径雷达测量方法、远程微形变雷达测量方法以及摄影测量方法等。

上述方法可监测水平位移、垂直位移、倾斜和挠度等变形值，下面对裂缝和振动变形的观测方法作简单说明。

4．裂缝和振动观测方法

(1) 裂缝观测法。工程建筑物的裂缝观测内容包括裂缝编号，裂缝的位置、走向、长度、宽度等，对于重要的裂缝，要埋设如图 4-3 所示的观测标志，用游标卡尺定期地测定两个标志头之间距离的变化，确定裂缝的发展变化情况。混凝土大坝和土坝的裂缝观测十分重要，观测次数与裂缝的部位、长度、宽度、形状和发展变化情况有关，应与温度、水位和其他监测项目相结合。对于建筑预留缝和岩石裂缝这种更小距离的测量，一般通过预埋内部测微计和外部测微计进行，测微计通常由金属丝或铟瓦丝与测表构成，其精度可优于 0.01 毫米。

(2) 动观测法。对于塔式建筑物，在温度和风力荷载作用下，其挠曲会来回摆动，从而就需要对建筑物进行动态观测——振动(摆动)观测。有的桥梁也需进行振动观测，对于特高的房屋建筑,也存在振动现象,(例如美国的帝国大厦,高102层,观测结果表明,风荷载下,最大摆动达7.6厘米)。为了观测建筑物的振动,可采用专门的光电观测系统,其原理与激光铅直相似。采用全球定位系统(GPS)技术可作持续动态的振动观测。

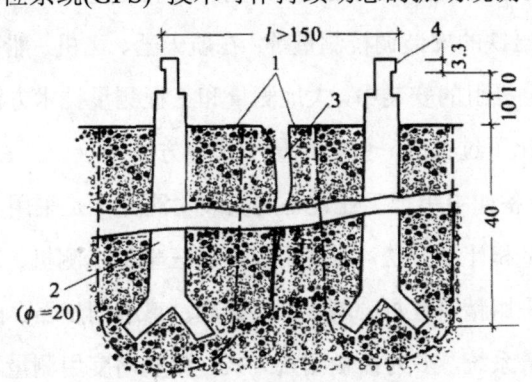

图4-3 裂缝观测标志(单位:毫米)

1—钻孔后回填的混凝土;2—观测标志;3—裂缝;4—游标卡尺的标志头

四、安装测量控制网

为大型设备构件的安装定位而布设的控制网称为安装测量控制网,又称微型大地控制网或大型计量控制网,主要是平面网。安装测量控制网一般在土建工程施工后期布设,多在室内,也是工程竣工后设备变形监测及调整的依据。安装测量控制网的范围小,精度可以达到很高。点位的选择要考虑设备的位置、数量、建筑物的形状、特定方向的精度要求等,点的密度和位置要能满足设备构件的安装定位。一般是先在总平面图上设计一个理论图形,然后将其测设到实地上去。通常是一种微型边角网,边长较短,从几米至一百多米,整个网由形状相同、大小相等的基本图形组成。对于直线型的建筑物,可布设成直伸形网;对于环形地下建筑物如环形加速器或对撞机工程,可布设成由大地四边形构成或由测高三角形构成的环型网;对于大型无线电天线,可布设成辐射状网。

设备安装的高程定位大多采用水准测量方法进行,比较简单,在此从略。

(一)概述

大型设备安装检校测量和工业测量称为微型大地测量和大型计量测量,主要还是采用大地测量和工程测量的原理与方法,在大结构、大构件和大尺寸上达到计量级的精度,如0.01~0.05毫米。在工程测量中,涉及大型设备的安装检校测量工作很多,涉及的领域也很广,对精度的要求也很高，所使用的测量仪器、技术和方法也很多，常常需要研制和使用专用的测量仪器和工具，所需要的时间很长，有的要贯穿一个工程建设的整个过程，长达数年。如高速铁路的轨道板和轨道的精密调校、大型天线的安装检测、大型升船机的建设和机电设备安装检测以及高能粒子加速器工程中四级磁铁的安装调校测量等；在航天器、飞机、船舶和汽车制造业的产品组装检测中，大型水轮发电机组的安装中，大地测量和工程测量技术方法特别是工业测量系统的应用越来越多，逐渐弱化了过去的一些机电量和计量方法。

我们知道，过去许多设备如中小型工业设备的安装检测并不是采用大地测量和工程测量方法，而是采用一些机电测量和计量方法，如使用较多的三坐标量测机，是将被测的产品或工件搬到测量机的工作台上，采用精密丝杆、刻线尺、光栅、感应同步器、磁尺和码尺等组成的机械式、光学式和电气式测量系统，多为接触测量方式，测量精度用测量不确定度描述。在水轮发电机组的安装中，应用的测量工具是平尺、塞尺、卡尺、千分尺和千分表等，制作的专用工具有中心架、求心器、水平梁、测圆架等，但需要与精度较高的测量仪器如水准仪、全站仪配合使用，来完成安装调校测量工作。

随着航天航空工业、国防工业和科学研究实验的发展和需要，大型设备安装与检校的测量工作将越来越多，要求也越来越高，大地测量和工程测量技术方法将在工业测量中占主导地位。

(二) 设备安装检校的控制测量

大型特种设备的安装、检校，要求的精度很高，甚至达到了计量级，如 $0.001\sim0.01$ 毫米，须建立安装测量控制网。为大型设备构件的安装定位而布设的控制网主要是平面网。安装测量控制网一般在土建工程施工后期布设，多在室内，也是设备运营期间变形监测和检修调校的依据。安装测量控制网通常是一种微型边角网，边长较短，从几米至一百多米，整个网由形状相同、大小相等的规则图形组成。对于一般小型设备的安装，只需要建立少数参考点，通过自由设站法建立测量坐标系，不需要建立专门的安装测量控制网。设备安装的高程控制，需建立高程控制点，大多采用精密水准测量，范围小，比较简单。下面介绍几种特殊的控制网形式：

(1) 直伸三角形网。用于线状设备的安装、检校，如直线型粒子加速器，多采用边角全测的三角形网。由于激光跟踪仪的测距精度显著高于电子全站仪，若用激光跟踪仪来测量网中的边长，一般是按间接测量方法得到，网形会复杂一些。

(2) 环形控制网。多用于大型正负电子对撞机或高能物理粒子加速器工程，布设在地下环形隧道内，整个网由形状相同、大小相等的基本图形(大地四边形、三角形)组成，高速运动的粒子束在大型四极磁铁所形成的真空腔中飞行，要求相邻磁铁的相对径向精度达 $0.1\sim0.15$

毫米，为了磁铁的安装、检校和运行期间的变形监测，要沿环形隧道布设控制网。基本图形为三角形的网一般为测高环形三角形网，在每一个狭长三角形中，除边角全测之外，还要用专用工具测量三角形长边上的高，可以显著提高网点的精度。如采用专用铟瓦测距仪 Distinvar 测距，精度可达 0.03～0.05 毫米。采用 0.5"级仪器测角，尽管也可达到很高的精度，但因视线靠近隧道壁，受旁折光影响，会降低测角精度，测高是提高角度精度的一种间接测角方法。

(3) 三维控制网。指采用全站仪或激光跟踪仪，获取斜距、水平角、大顶距等观测元素，进行三维平差得到网中待定点三维坐标的网。为了消除外界条件影响，垂直角也进行对向观测。三维网在理论上是完善的，可避免二次布网、观测和平差，有应用前景。

(三) 传统测量方法

传统的测量方法主要有机械法和光学法。如水轮发电机组安装中所使用的平尺、塞尺、卡尺、千分尺、千分表和专用工具中心架、求心器、水平梁和测圆架。测量三维构件尺寸的高度尺和量规属于机械法，对大型天线进行检测的样板法和数控机床法也是机械法，光学法有双五棱镜法、经纬仪交会法和经纬仪带尺法。

(四) 现代测量方法

(1) 射电全息法。全息现象由匈牙利物理学家 D. Gabor 于 1947 年发现，1968 年在苏联用下天线测量。射电全息法是基于天线远场复方向图与天线口面上场分布间的傅立叶变换关系，通过测量远场复方向图反推天线口面上的场分布(振幅和相位分布)，再根据场相位分布，获取天线实际表面与设计抛物面的偏差。该法是提高毫米、亚毫米波射电望远镜大型天线表面精度的一种精调方法和变形监测方法。大型抛物面天线受重力、温度和风荷载作用引起变形，导致抛物向大线表向偏离设计曲面，使系统的性能下降。所以天线的安装检测至关重要。传统测量方法费时费力，要求天线指向天顶，测量结果不能全面反映天线的实际工作状况。我国紫金山天文台对 13.4 米射电望远镜进行射电全息测量，结果推得天线实际表面与设计抛物面偏差的均方根值为 0.248 毫米，与经纬仪带尺法结果基本相符。美国的 GBI 天线，射电全息法表面精度从 1.1 毫米(用经纬仪) 提高到 0.53 毫米，日本 45 米的 Nobeyama 天线，表面精度从 0.2 毫米提高到 0.065 毫米，已接近单块面板的精度(0.051 毫米)。

(2) 准直测量方法。大型机器设备的轴线常常在一条直线或规则曲线上，准直测量实质是测量一点到基准线的垂直距离或到基准线所构成的垂直平面的距离(称偏距)，偏距的测量称为准直测量，基准测量即基准线测量。在设备的安装检校中，有引张线准直法、尼龙丝准直法、激光准直法和波带板激光准直法等。下面简单介绍引张线准直法。

在北京正负电子对撞机中，加速器直线段的准直测量精度要求为0.2毫米，采用了一种机械准直法，在两个基准点间吊挂一条引张线，用垂直投影仪测量中间点到引张线的偏距。引张线采用直径为0.2～0.4毫米的高强度弹性钢丝，受气流影响，钢丝有残余变形误差，需要进行修正，为减少气流影响，可把引张线布置存防风筒内，采用浮托装置可修正大跨度引张线产生的垂曲，采用电感位移传感器，也可实现引张线测量的自动化，如图4-4所示。

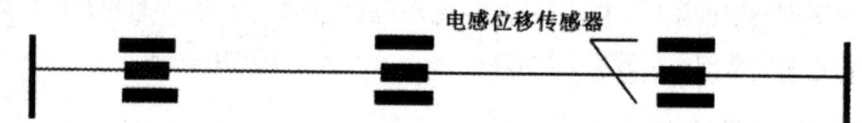

图4-4 引张线测量自动化装置

(3) 工业测量系统。大型设备的安装检校测量可采用工业测量系统。

(4) 三坐标测量机。三坐标测量机是工业部门特别是在中小型工业设备的安装检测中应用很多，下面仅作简单介绍。

三坐标测量机由主机、测头和电气系统三部分组成，如图4-5所示。主机由框架结构、标尺系统、导轨、驱动装置、平衡部件、转台与附件组成，如图4-6所示。

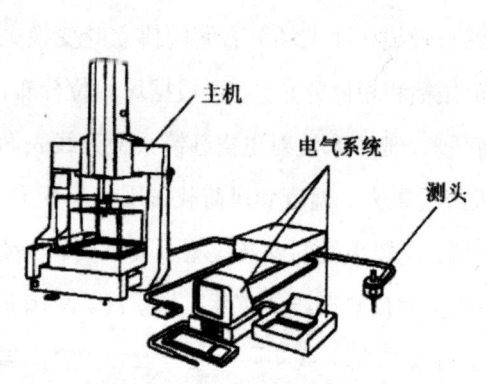

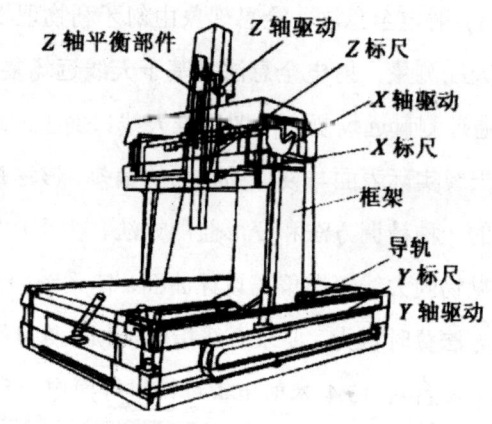

图4-5 三坐标测量机的组成　　　　　图4-6 三坐标测量机的主机结构

其中标尺系统是坐标测量机的重要部分，也称测量系统。大多使用光栅、感应同步器和光学编码器测量，也有采用激光干涉仪进行高精度测量。测头的基本功能是测微和瞄准，分接触式和非接触式，多采用接触式自动测量，如以电触、电感、电容、应变片、压电晶体等为传感器来接收测量信号。电气系统由电气控制系统、计算机硬件、测量机软件和打印绘图装置等组成，具有采集、处理数据及输出等作用。

三坐标测量机的原理：将被测物件置于三坐标测量机的测量空间，根据互相垂直的三个导轨和一个工作平台，获取物件上各点在"正交坐标系"的坐标，经数学运算，得到被测物件的尺寸和形状。三坐标测量机得益于精密机械、电子和计算机技术的发展，解决了精密导轨设计加工和大位移测量(采用感应同步器、光栅和激光干涉仪等) 等问题，加上计算机技术，到 20 世纪 60 年代得到迅速发展，由于它通用性强、测量范围较大、精度高、性能好，能与柔性制造系统连接，有"测量中心"的美誉。三坐标测量机的自动化程度高、操作简单，一般不需要多少测量知识，所以操作者鲜有测量人员。但随着测绘科技的进步，测量人员将会越来越多地进入工业测量领域，即使用三坐标测量机进行中小型工业设备的安装检测，测量人员比其他专业的人员在误差和数据处理知识方面要更好。

第二节 施工控制网的基准解析

工程测量控制网的基准就是网平差求解未知点坐标时所给出的已知点数据，对网的位置、大小和方向进行约束，使平差有唯一解。如果网的基准不足，网平差时法方程系数矩阵将会出现秩亏，这时需要求某一特解，如果网的基准过多，则存在基准间是否相容的问题。

工程测量控制网的基准分三种类型：

(1) 约束网。具有多余的已知数据。

(2) 最小约束网(经典自由网) 。只有必要的已知数据。

(3) 自由网(无约束网) 。没有已知数据，全部网点都是未知点。

对于水准网或高程网(一维网) ，网中只有一个点的高程已知，为最小约束网；网中有两个以上点(含两个) 的高程已知，则为约束网；网中没有已知点的，为自由网。

对于二、三维网，假设都测有边长(这是最常见的，纯测角网已消亡，不需讨论) 。

平面网(二维网) 中只有一个点的坐标和一条边的方位角已知，为最小约束网；若含两个或两个以上已知点的为约束网；没有已知点的为自由网。

三维网的最小约束条件是：网中有两个点的三维坐标已知，另一条边的方位角已知(为了控制整个网绕两个已知点的连线旋转) ；也可以是网中有一个点的三维坐标已知，已知一条边的方位角，已知两条边的高度角。凡多于最小约束条件，如有三个(含三个) 以上点的坐标已知，则称为约束网；少于最小约束条件的为秩亏网；无已知坐标、已知方位角和高度角的网为

自由网,自由网的图形矩阵 A 有列亏,法方程矩阵 N 将出现基准秩亏 d:
$$d = u - r \tag{4-3}$$
式中,u 为坐标未知数数,r 为矩阵 N 的秩,基准秩亏与网的维数和观测值类型有关。

表 4-2 出了一、二、三维网的观测值类型、基准秩亏和基准参数之间的关系。基准参数表示在一个网内保持内部几何形状不变条件下的变换,包括平移、缩放和旋转变换,通过这些变换可消除基准秩亏。

自由网在变形监测网布设中可能用到,如果所有网点都在变形区内,有人认为可按自由网处理。但也是在"各点的变动都是随机的""网点的重心不变"的假设条件下才成立,否则,其结果也是偏的。随着测绘技术的发展,可以在变形区外布设参考点,所以不宜采用自由网。对于测图控制网,可采用约束网;对于变形监测网,约束点(基准点)可以在两个以上;对于其他大多数工程测量控制网,用最小约束网则较好。

表 4-2　工程控制网观测值、基准秩亏和基准参数的关系

维数	网型	观测值类型	基准秩亏	基准参数
1	高程网	高差	1	1 个平移
2	平面网	边长和方位角	2	x 和 y 方向的 2 个平移
		边长或边长和水平方向	3	2 个平移,1 个绕 z 轴的旋转
		水平方向	4	2 个平移,1 个旋转,1 个缩放
3	三维网	边长和天顶角或边长和水平方向或边长、天顶角以及水平方向	4	3 个在 x、y、z 方向的平移,1 个绕 z 轴的旋转
		水平方向和天顶角	5	3 个平移,1 个旋转,1 个缩放
		边长	6	3 个平移 3 个绕 x、y、z 轴的旋转
		在 $d=6$ 时 再加一个比例尺未知数	7	3 个平移,3 个旋转,1 个缩放

第三节　施工控制网的布设分析

工程测量控制网布设应遵循大地测量学的基本原理,确定坐标系和基准点,根据精度要求,采用构网方式,通过在点之间进行边长、角度(方向)、基线和高差等观测,获取网点的坐标和高程。施工控制网的布设和建立步骤是:

(1) 根据精度要求确定控制网的等级。

(2) 确定布网图形和测量仪器。高程网采用几何水准或电磁波测距三角高程技术布网,平面网主要布设成 GNSS 网或地面边角网。

(3) 图上选点、实地踏勘、构网并进行方案设计,进行网的模拟计算。

(4) 埋石造标。应达到稳定后方可开始观测。

(5) 外业观测。严格遵循有关规范,包括检查验收和质量控制。

(6) 内业数据处理和提交成果。数据预处理、网平差、质量评定和技术资料与成果汇总。

一、导线的布设

测量控制网中的导线是指将控制点用直线连接起来形成的折线。控制点称为导线点,分已知点和未知点,相邻两点之间的折线称导线边,相邻两导线边之间的夹角称转折角。导线测量的实质是通过观测导线边和转折角(现都使用全站仪),根据已知点的坐标计算未知点的平面坐标。按图形可分为闭合导线、附合导线和支导线,由导线构成的网称导线网。按等级可分为三、四等导线,一、二、三级导线以及图根导线。

对于导线的布设,主要是附合导线的布设。附合导线是指两端各有两个已知点,中间是未知点的导线。附合导线有简单、灵活、方便和应用广泛等优点,非常适合矿山巷道、地铁、隧道等地下工程和道路、水利、管线等线状工程,以及城市、森林等通视困难地区的控制测量。在 GNSS 技术广泛用于首级控制网情况下,适合用附合导线作加密控制。附合导线的最大缺点是可靠性较差,不论有多少个未知导线点,其多余观测数都等于 3。当未知点个数等于 3 时,平均多余观测值数为 0.214,未知点个数等于 10 时,平均多余观测值数仅为 0.086。附合导线中的粗差不易被发现,粗差对平差结果的影响较大,严密平差的后验单位的权中误差不能用来评定平差结果的精度。

附合导线应尽量布设成直伸形状,两相邻边长不宜相差过大,未知点点数不宜过多。改进的附合导线布设方案:沿附合导线在未知点附近增设新点(辅助点),这些点可埋设也可不埋设标石,施测时,只在辅助点上安置棱镜,与导线一起观测而不需要设站;也可沿附合导线一侧或两侧布设辅助点,构成较坚强的网形。

附合导线平差的后验单位权中误差若显著大于先验值,需要查找原因并对症处理。原因可能是:观测值中存在粗差,已知点存在问题。处理方法:可以将附合导线当成支导线从两端分别计算,查找可疑的导线点或观测值。

二、边角网的布设

边角网为用地面测角侧边仪器施测的、由三角形或多边形构成的三角形网和导线网，三角形网包括有重叠三角形的网。单纯测角的三角形网已不再采用，单纯测边的三角形网也极少采用，一般都是布设成边角全测的三角形网。但是，按边角精度匹配和优化设计理论布设边全测、方向不全测的所谓不完全三角形网最好。三角形网没有图形的限制，长短边可以相差很大，夹角也可以很小或接近180°。但在方向观测时，要注意长短边的调焦问题。边角网都使用全站仪施测，有条件时，尽量用智能型测量机器人进行自动化观测。导线网要有足够的闭合环和附合线路，一个多边形环的边不宜太多，如不宜超过6条。由于GNSS技术的应用，最长边将大大减小，已极少布设平均边长为8~13千米的边角网了。平均边长为几百米或更短的特高精度专用网，如三峡工程升船机施工控制网，宜布设为边角网，许多大型水利工程施工控制网和变形监测网，由于顶空通视的原因，也宜布设为边角网，安装测量控制网基本都是边角网。

三、GNSS网的布设

GNSS网是最重要、最常用的网，将是优先考虑的布网方案，特别是范围大、距离远、地面通视差的工程，如大区域测图、隧道、桥梁工程、各种线路工程的首级控制网，都应首选GNSS网。GNSS网也无图形的限制，长短边可以相差很大，点的布设主要是考虑工程需要、便于到达、易于保存、顶空条件好、多路径影响小以及电磁干扰小等。在工程中，还需要考虑在将设站的网点上，至少有一个相邻点通视，以解决定向问题。GNSS网的施测应依据有关规范，对于特高精度的GNSS网，只要符合工程特点，满足工程需要，可以在规范的基础上提高一些，如增加时段长和时段数，可以对某些边作长时段精密测量，可以用很多台接收机同时观测。除精度、可靠性要求不高的测图控制网，不能用点连式布网、少用边连式布网，宜采用网连式布网。

四、水准网的布设

工程中的水准网采用一、二、三、四等水准测量方法布设和施测，应统一到国家高程系遵照相应的规范执行在此不做叙述。

第四节 施工控制网的质量准则解读

一、精度准则

(一) 网的总体精度

对工程测量控制网进行间接平差,网的总体精度可由置信超椭球概率公式

$$P\left\{(\tilde{x}-)^T \sum\nolimits_{xx} (\tilde{x}-\hat{x}) \leqslant x_{u,1-\alpha}^2 \right\} = 1-\alpha \tag{4-4}$$

导出,上式中,$\sum\nolimits_{xx}$ 为坐标未知数向量 $\hat{x}$ 的协方差阵(图 4-7),对其作谱分解

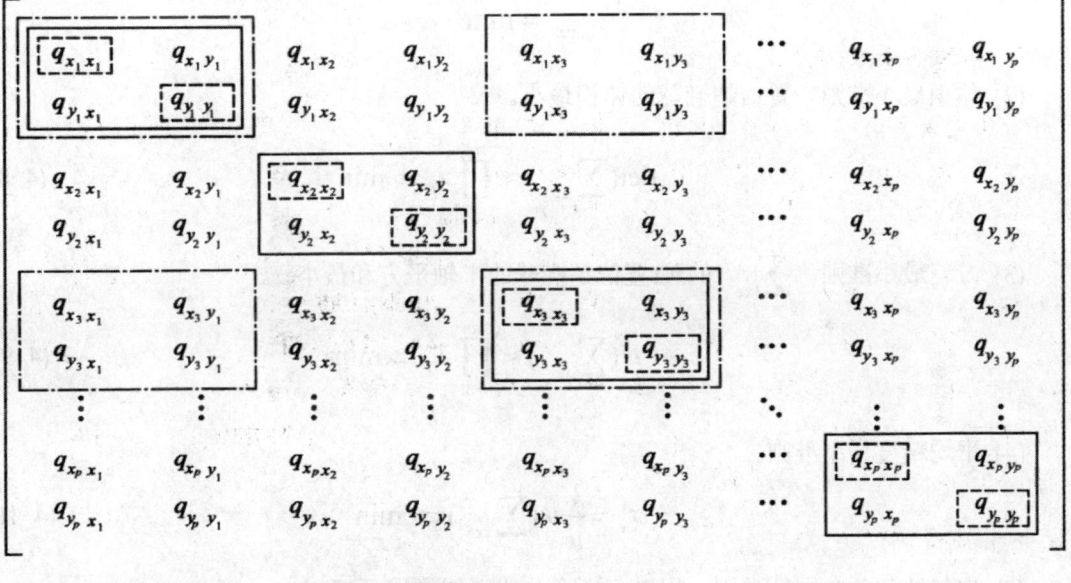

图 4-7 基于坐标未知数的协因数据阵 Q_{xx} 的精准度准则

$$\sum\nolimits_{xx} = [s_1 s_2 \cdots s_u] \begin{bmatrix} \lambda_1 & & & \\ & \lambda_2 & & \\ & & \ddots & \\ & & & \lambda_u \end{bmatrix} \begin{bmatrix} s_1^T \\ s_2^T \\ \vdots \\ s_u^T \end{bmatrix} \quad (4-5)$$

式中，λ_i 为 $\sum_{xx}$ 的特征值，按由大到小的顺序排列；s_i 为属于 λ_i 的特征向量。置信超椭球的半径 A_i 为：

$$A_i = \sqrt{\lambda_i x_{u,1-\alpha}^2} \quad (4-6)$$

协方差矩阵 $\sum_{xx}$。包含了网的各种精度的丰富信息，其中，网的总体精度可通过置信超椭球的以下准则描述：

(1) E 准则。置信超椭球的最大半轴最小。

$$\lambda_{\max} = \min \quad (4-7)$$

(2) 体积最小准则。置信超椭球的体积最小。

$$\det(\sum\nolimits_{xx}) \approx \prod_{i=1}^{u} \lambda_i \Rightarrow \min \quad (4-8)$$

(3) 方差最小准则。$\sum_{xx}$ 的迹(置信超椭球的半轴平方和最小)。

$$tr(\sum\nolimits_{xx}) \approx \prod_{i=1}^{u} \lambda_{ii} \rightarrow \min \quad (4-9)$$

(4) 平均精度最小准则。

$$\sigma_x = \frac{1}{u} tr(\sum\nolimits_{xx}) \Rightarrow \min \quad (4-10)$$

(5) 均匀性和各向同性准则。用以下两个公式近似描述：

$$\lambda_{\max} - \lambda_{\min} \Rightarrow \min \quad (4-11)$$

$$\frac{\lambda_{\max}}{\lambda_{\min}} \Rightarrow \min \quad (4-12)$$

(二) 点位精度

点位的精准度与网的基准有关，是可变量，随已知点的位置而变。点位精度可用下面的赫尔默特点位误差表示：

$$s_{pj}^H = \sqrt{s_{xj}^2 + s_{yj}^2} = s_0\sqrt{\lambda_1 + \lambda_2} = s_0\sqrt{tr(Q_{jj})} \tag{4-13}$$

式中，s_0 为验后单位权中误差；s_{xj}、s_{yj}。为 j 点的中误差。点位精度也可用点的误差椭圆或置信椭圆的长短半轴及长半轴的方向角表示，误差椭圆的长短半轴及长半轴的方向角为：

$$\begin{cases} A_F^2 = \dfrac{1}{2}s_0^2(q_{xx} + q_{yy} + \omega) \\ B_F^2 = \dfrac{1}{2}s_0^2(q_{xx} + q_{yy} - \omega) \\ \theta_F = \dfrac{1}{2}\arctan\left(\dfrac{2q_{xy}}{q_{xx} - q_{yy}}\right) \end{cases} \tag{4-14}$$

其中

$$\omega = \sqrt{(q_{xx} - q_{yy})^2 + 4q_{xy}} \tag{4-15}$$

置信椭圆的长、短半轴和长半轴的方向角为：

$$\begin{cases} \overline{A_F^2} = 2 \cdot s_0^2 \cdot \lambda_1 \cdot F_{2,f,1-\alpha} = 2 \cdot F_{2,f,1-\alpha} \cdot \overline{A_F^2} \\ \overline{B_F^2} = 2 \cdot s_0^2 \cdot \lambda_1 \cdot F_{2,f,1-\alpha} = 2 \cdot F_{2,f,1-\alpha} \cdot \overline{B_F^2} \\ \overline{\theta_F} = \theta_F \end{cases} \tag{4-16}$$

式中，$F_{2,f,1-\alpha}$ 为 F 分布的分位值；自由度 f 是计算 s_0^2 的多余观测数。由式(4-11) 知，误差椭圆是在 $F_{2,f,1-\alpha}$=0.5 时置信概率为 $1-\alpha$ 的椭圆，置信概率与 f 有关，表 4-3 列出了在几种自由度下的置信概率。从表中可见，用理论方差 σ_0^2 计算，误差椭圆的置信概率为 39.4%，由 s_0^2 计算，则误差椭圆的置信概率要小一些，在 29.3% 至 39.4% 之间。

表 4-3 误差椭圆在不同自由度下的置信概率

自由度(f)	置信概率($1-\alpha$)
1	0.293
2	0.333
5	0.366
∞	0.394

(三) 相对点位精度

可用相对误差椭圆描述，任意两点 i、k 坐标差 Δx_{ik} 的协因数阵 $Q_{\Delta\Delta}^{ik}$ 可表示为：

$$Q_{\Delta\Delta}^{ik} = \begin{bmatrix} q_{\Delta x\Delta x} & q_{\Delta x\Delta y} \\ q_{\Delta y\Delta y} & q_{\Delta y\Delta y} \end{bmatrix}_{ik} = Q_{ii} + Q_{kk} - Q_{ik} - Q_{ki} \tag{4-17}$$

相对误差椭圆的长、短半轴和长半轴的方向角为:

$$\begin{cases} A_{RF}^2 = \dfrac{1}{2}s_0^2(q_{\Delta x\Delta x} + q_{\Delta y\Delta y} + \omega_R) \\ B_{RF}^2 = \dfrac{1}{2}s_0^2(q_{\Delta x\Delta x} + q_{\Delta y\Delta y} - \omega_R) \\ \theta_{RF} = \dfrac{1}{2}\arctan(\dfrac{2q_{\Delta x\Delta y}}{q_{\Delta x\Delta x} - q_{\Delta y\Delta y}}) \end{cases} \tag{4-18}$$

其中

$$\omega_R = \sqrt{(q_{\Delta x\Delta x} - q_{\Delta y\Delta y})^2 + 4q_{\Delta x\Delta y}^2} \tag{4-19}$$

对于经典自由网来说，相对点位精度是与基准位置无关的不变量。

(四) 坐标未知数函数的精度

设有坐标未知数的线性函数 φ 为

$$\varphi = F^T x \tag{4-20}$$

其方差可表示为

$$\sigma_\varphi^2 = F^T \sum\nolimits_{xx} F \tag{4-21}$$

网中任意两点(有直接连接或没有连接) 间的边长和方位角是坐标未知数的函数，常常要计算其平差值的精度，其中最重要的是最弱边的精度。对于经典自由网来说，边长、方位角和角度是与基准位置无关的不变量。

坐标未知数的线性函数 φ 的上、下界值满足雷莱关系式(Rayleigh Relation)：

$$\lambda_{\min} F^T F \leqslant \sigma_\varphi^2 \leqslant \lambda_{\max} F^T F \tag{4-22}$$

二、可靠性准则

控制网的可靠性准则包括网的内部可靠性，即发现观测值粗差能力的量度，也包括网的外部可靠性，即抵抗观测值粗差对平差结果影响能力的量度，还包括网的广义可靠性，即发现和抵抗粗差与系统误差以及减小偶然误差的能力。

三、灵敏度准则

灵敏度准则是针对平面变形监测网，在给定显著水平 α_0 和检验功效 β_0 下，通过对变形监测网的周期性观测和平差，进行统计检验，所能发现的位移向量的下界值 d_0 定义为网的灵敏度。灵敏度是一个相对概念，即对于不同的变形向量具有不同的下界值。

四、费用准则

控制网的费用一般包括用于设计、埋石、造标、交通运输、仪器设备、观测、计算、检查等各项费用。由于建网的费用涉及诸多因素，一般难以用一个准确的函数来描述。通常采用观测值权的总和作为最小的费用准则，即

$$\sum_{i=1}^{n} p_i \Rightarrow \min \tag{4-23}$$

由于网的测量费用与网的设计计算费用相比，一般来说，后者不到百分之五，所以进行网优化设计很有必要，只需增加微不足道的费用，便可显著降低测量费用。

第五节 施工控制网的优化设计研究

工程测量网的优化设计包括提出设计任务、制定设计方案、实施方案优化、进行方案评价。设计任务通常是业主提出要求，测量单位将这些要求具体化，表示为数值上的要求。例如点的分布需满足某些条件，最弱点、最弱边精度要求，对变形监测网还有灵敏度的要求。设计方案包括布网方案和观测方案，也包括仪器的选择，观测时间的确定等。实施方案优化就是优化设计过程，优化设计方法有解析法和模拟法两种。

第六节 施工控制网的数据处理分析

工程测量控制网数据处理应建立在测量内外业一体化和数据自动化的基础上。测量内外业一体化系指控制测量的内外业工作是连续一体地完成的。内业工作有：图上选点布网、模拟优

化设计计算、观测数据预处理和网平差(含观测值粗差剔出、方差分量估计、精度评定、网图显绘和成果输出)等；外业工作有：实地踏勘定点、埋设标石标志、网的外业观测(包括数据检查、质量控制)。内外业一体化可大大节省时间、降低劳动强度、减少建网费用、提高成果质量，实现的关键是研制合适的软、硬件系统。厂商在生产仪器时，也配套了相应的软件，如GNSS接收机、电子全站仪和电子水准仪都有丰富的随机软件，具有自动采集数据的功能，由于工程测量控制网内外业一体化的全过程比较复杂，要适合不同的测量规范，满足不同的用户需求，要配套不同的仪器，要适应计算机技术发展，需要研制专门用于工程测量控制网内外业一体化系统。下面简要介绍由武汉大学测绘学院研制的有关软件系统。

(1) "测量机器人工程测量控制网观测自动化系统"(Geo_Net)。实现了用测量机器人(如徕卡 TCA2003)进行工程测量控制网观测的自动化，符合我国现行有关规范的要求，可按要求输入限差，采集的数据完全符合限差要求。外业采集数据直接进入配套的数据预处理软件，生成外业观测记录簿，并输出后续网平差软件(如 COSA_CODAPA) 观测值数据文件，实现内、外业一体化和数据处理自动化。该软件有直接加载到徕卡 TCA2003(或 TCA1800) 上的机载软件，有装在掌上型电脑上和笔记本电脑上的版本。

(2) "基于掌上型电脑的测量数据采集和处理系统"(COSA_EREPS)。在专用的掌上型电脑上运行，可进行一、二、三、四等线路水准测量的数据采集，工程测量控制网观测的数据采集，还具有许多其他功能，可实现水准网、工程测量控制网从数据采集、质量检核、预处理到网平差的一体化和自动化数据流。

(3) "地面测量工程控制测量数据处理通用软件包"(COSA_CODAPS，图 4-8)。在便携式或台式微机上运行，既可独立使用，也可直接使用前面两个软件生成的观测值数据文件。具有工程测量控制网模拟优化设计计算、自由网平差、任意平面网平差、水准网平差、高铁 CPⅢ网平差、粗差探测与剔除、方差分量估计、闭合差计算、隧道贯通误差影响值估算、网图显绘、报表打印、坐标转换、周期观测叠置分析和数据通信等功能。

(4) "GNSS 工程测量控制网平差通用软件包"(COSA_GPS)。具有在世界空间直角坐标系(WGS-84) 进行三维向量网无约束平差和约束平差、在椭球面上进行国家 GNSS 网与工程测量控制网的三维平差、在高斯平面坐标系下进行 GNSS 网约束平差、与地面边的联合平差和一点一方向的最小约束平差以及 GNSS 高程拟合等功能，并带有常用的工程测量计算工具(图 4-9)。一点一方向的最小约束平差是该软件的特色，许多工程测量控制网如桥梁、隧道、水利枢纽工程等，只需要固定一点、一个方向，选取工程投影面，就可建立独立坐标系。软件设计了对话框，需输入固定点的点名、平面坐标和某一特定方向的方位角，输入大地坐标、正常高投影面正常高的概略值，平面坐标可以是独立坐标，固定方位角为工程有关，如桥轴线、隧道轴线、大坝的坝轴线方向等。

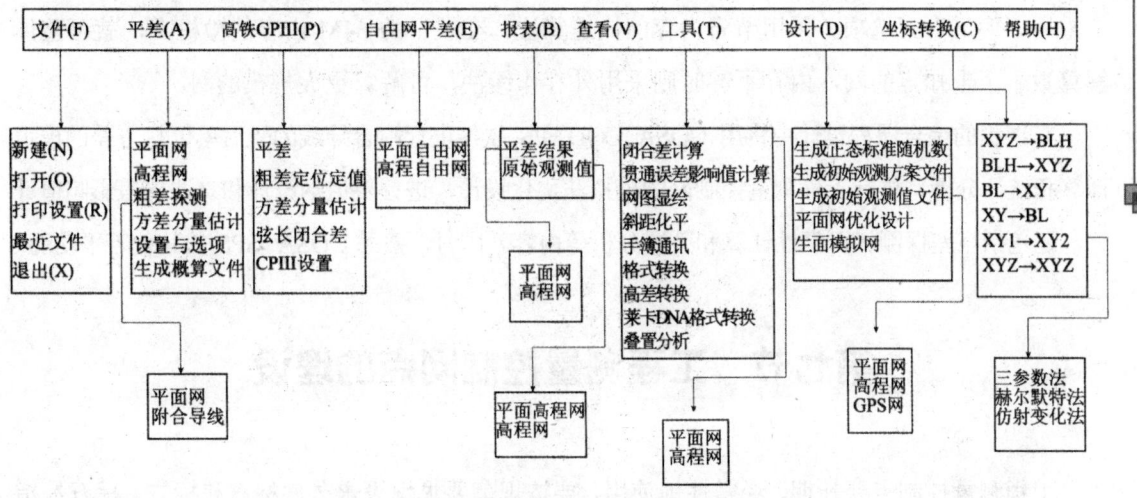

图 4-8 COSA_CODAPS 功能菜单框图

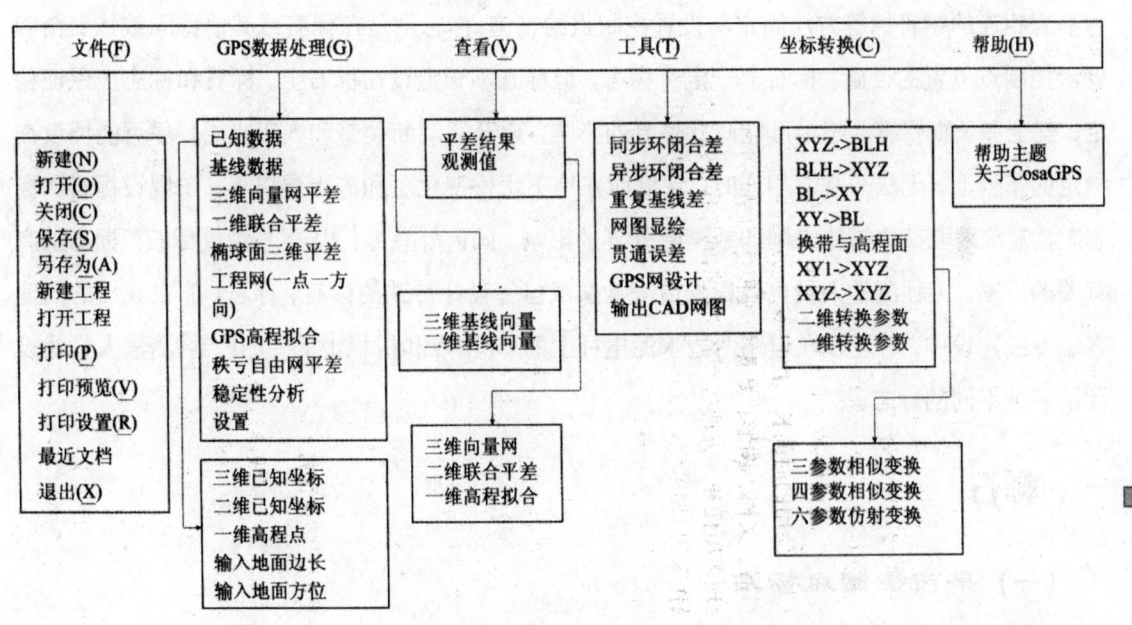

图 4-9 COSA_GPS 功能菜单框图

COSA_CODAPS 和 COSA_GPS 又称科傻系统，意即用高科技集成的傻瓜式系统，科傻系统的特点是：正确可靠、通用性强、整体性和稳定性好、操作简便、自动化程度高、处理速度快、解算容量大、使用的时间长、用户多，已达到炉火纯青的程度。全部软件采用 VC++ 语言编写，编辑器、文档、图形、数据处理模块均是自主编写；采用多文档和工程管理模式，可同时处理多项任务，方便进行各类数据的操作；用表格方式或文本方式进行数据录入，大部分操作采用"傻瓜"式选项。采用节省内存的快速算法，在较早的 64M 内存的微机上，就可整体解算数千个未知点的网，内存不够时则采用外存作缓冲，可解算更大规模的网。

在课程的综合课程设计中将用 COSA_CODAPS 软件进行附合导线的验后单位权方差的模拟计算和统计分析，进行工程测量控制网的模拟法优化设计，进行隧道网设计和贯通误差影响值计算，还包括粗差探测、可靠性计算和叠置分析等内容。同时，熟悉 COSA_GPS 的其他若干功能。

第七节　工程测量控制网点的埋设

工程测量控制点要长期、经常性地使用，要按规范要求埋设永久性标石和标志。标石是指采用挖坑埋设预制截头锥体混凝土标，或通过钻深孔就地浇筑钢筋混凝土标，或通过钻孔深埋与基岩相连的钢管标等方法固定和设置控制点的设施；标志则是在标石或其他稳固载体上精确表示控制点位置的设施。标石上一定有标志，但标志不一定设在标石上。标石和标志应保证稳定、安全和长期保存，应尽可能避开外界的影响，避开活动断裂带和人工土层，尽可能埋设在稳定的基岩上。无法与基岩相连时，深度应在地下水位变化层和冻土层以下。在埋设标石和标志时，常常采取某些措施来削弱或消除外界的影响。国内外有专门从事与测量标石、标志生产有关的厂家。工程测量人员也要根据情况购买或自行设计特殊的标石、标志，如在我国的高速客运专线建设中，对埋设在道路两边水泥电杆上的 CPⅢ 点和桥栏上的 CPⅡ 点，测量人员就设计了多种不同的标志。

一、标石

（一）平面控制点标石

标石类型：主要有普通标石、深埋式标石和带强制对中装置的观测墩。

普通标石：通常挖坑埋设截头锥体混凝土标，为防止自重引起的沉降，需加大标石底部面积。

深埋式标石：通过钻深孔就地浇筑的钢筋混凝土标。用于施工控制网和变形监测网；带强制对中装置的观测墩：多用于大坝、水电站、隧洞、桥梁、滑坡体整治等大型工程施工控制网、变形观测监测网以及安装测量控制网。观测墩为钢筋混凝土墩，现场浇灌，基础应深埋在冻土层以下 0.3 米，顶部安装强制对中基座，观测墩的基础平台和观测平台上可埋设水准标志。强制对中基座采用全不锈钢制造，不易锈蚀，易于保护，通用性强，可安置各种类型的全站仪和 GNSS 接收机等仪器，具有照准标志，其对中精度可达 0.05 毫米。

（二）水准点标石

有基岩水准基点标石、平硐岩石水准基点标石、深埋双金属管水准基点标石、深埋钢管水准基点标石、浅埋钢管水准标石、混凝土基本水准标石、混凝土普通水准标石、混凝土三角高程点墩标标石、混凝土三角高程点建筑顶标石、铸铁或不锈钢墙水准标志和地表岩石标等。平硐岩石水准基点标石(图 4-10)：为了保证水准基点的安全，避免观测过程中的温度影响，设内室、外室和过渡室，基准点上设内标志，埋设在平硐内完整的岩体上，内标志本身受地表温度的影响小，稳定性高，隐蔽性好。观测时，先打开内门，关上外门，将水准仪置于平硐内，待内室与过渡室的温度一致后，将内标志的高程传递至外标志，然后，将仪器置于硐外，关上内门，开启外门，待过渡室温度与外界温度一致后，进行水准线路观测，这样可消除视线通过不同温度空气层所产生的折光影响。

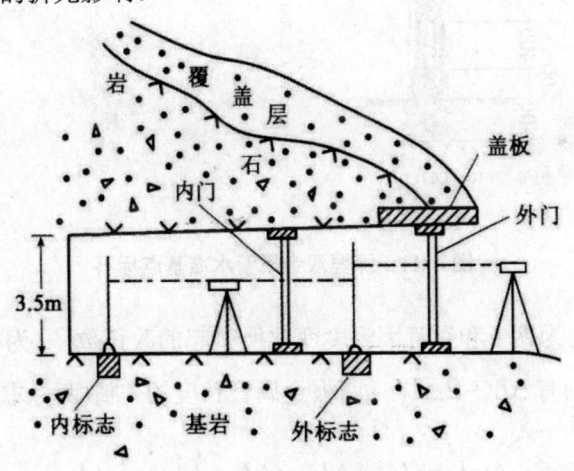

图 4-10 平硐岩石水准基点标石

深埋双金属管水准基点标石：适合于覆盖层较厚的平坦地区，钻孔穿过土层，达到砂卵石层，深埋双金属钢管标(图 4-11)。其原理是利用膨胀系数不同的钢管和铝管，通过测量两根金属管的高差并进行改正来消除由于温度变化对标志高程产生的影响。设两根金属管原有长度均为 L_0，钢管的线膨胀系数为 α_S，铝管的线膨胀系数为 α_A，则有：

$$L_S = L_O + L_O \times \alpha_S \times t = L_O + \Delta L_S \tag{4-24}$$

$$L_A = L_O + L_O \times \alpha_A \times t = L_O + \Delta L_A \tag{4-25}$$

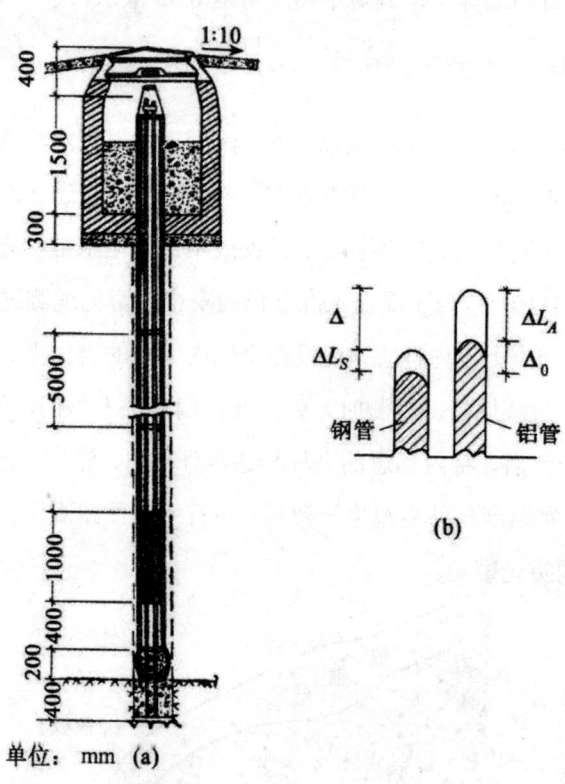

图 4-11 深埋双金属管水准基点标石

式中，ΔL_S、ΔL_A 分别为钢管和铝管因温度变化所引起的改正数，t 为标志各层温度变化之平均值。若 $\alpha_A = 2\alpha_S$，则有 $\Delta L_A = 2\Delta L_S$，两根金属管长度的差值(两标志头的高差) Δ 为：

$$\Delta = L_A - L_S = \Delta L_A - \Delta L_S = \Delta L_S = \frac{1}{2}\Delta L_A \tag{4-26}$$

Δ 可以根据设在两标志头上的读数设备或用水准仪测定，故可由上式得到钢管和铝管的改正数 ΔL_A、ΔL_S。在实际作业中，首次观测时两管的高度不一定正好相等，设用水准仪首次观测时两标志头的高差为 Δ_0，某次测得的两标志头的差为 Δ，有：

$$\Delta_0 + \Delta L_A = \Delta + \Delta L_S \tag{4-27}$$

则钢管标的温度改正数为：

$$\Delta L_S = \frac{1}{2}\Delta L_A = \Delta - \Delta_0 \tag{4-28}$$

即根据本次观测和首次观测求得两标志头的高差，可求得钢管标和铝管标的温度改正数，从而得到标的高程。如果钢管和铝管过长，受自重影响，容易产生挠曲，会使求得的改正数误差增大。这时，可采用双金属弦丝代替金属管(其原理与双金属管标相同)。

二、标志

平面控制点的标志一般用将金属十字形刻画嵌入标石，十字中心作为点的精确位置。水准点标志多以圆形标志头顶作为点的精确高程位置，标志头以强度较硬、能防腐蚀的金属或玛瑙制成。

平面控制点上通常还要设照准标志，除图 4-12 所示的照准标志外，还有杆式、塔形杆式和觇牌等照准标志。照准标志的要求有：反差大、亮度强(带照明)、无相位差，形状、大小有利于精确照准。

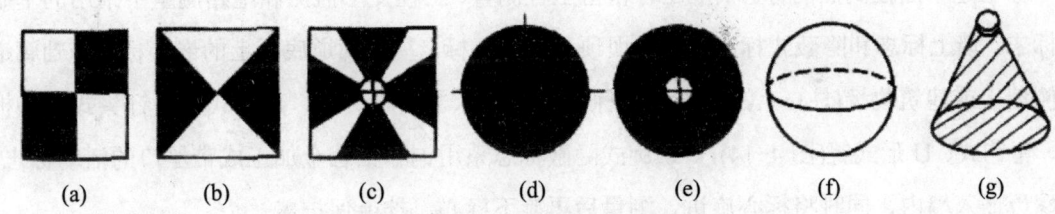

图 4-12　平面控制点的照准标志

杆的直径或标志的线宽应根据视线长度 S 计算，用双丝瞄准时，杆的直径或单线标志的线宽 d 为：

$$d = \frac{\mu''}{2\rho''} \times S \tag{4-29}$$

式中，μ 为望远镜十字丝双线间的夹角(约 $35''$)，双线标志的宽度 l 可按下式计算：

$$l = \frac{3b}{f} \times S \tag{4-30}$$

式中，b 为望远镜十字丝单丝的宽度(约 6 微米)，f 为望远镜物镜焦距(约 300 毫米)。

觇牌图案有多种，常用的有：塔形标志(图 4-13)，几何中心明显，标心宽度不同，可供不同视距应用；条状标志，中心轴明显，易于准确照准，是按视距 S 计算的，适用于特定长度；楔形标志，照准精度较高，宜用于较短的视距。

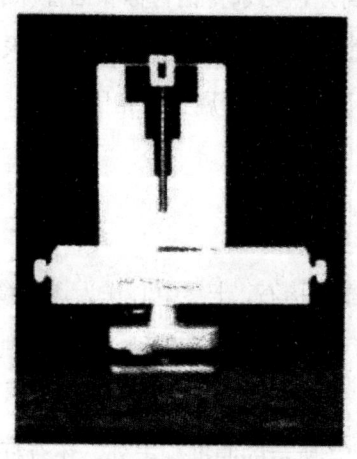 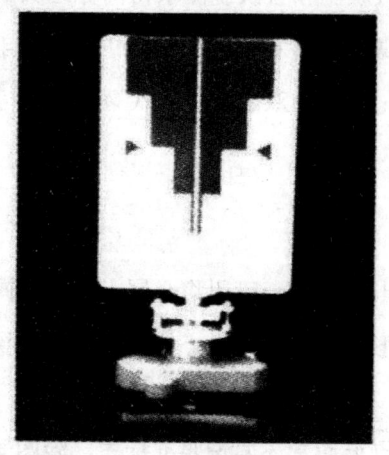

(a) 精密活动觇牌　　　　　　　(b) 精密固定觇牌

图 4-13　精密照准觇牌

除上述平面控制点的标志外，还有精密工程测量、工程变形监测和地籍测量中采用的基础上标志、墙上标志和隐蔽式标志等，如坝顶上的嵌心标、基础廊道底板上的嵌心标、基础廊道的侧墙上或建筑物墙(柱)上的标志，各种沉降观测标志：砖块式、燕尾式、铆钉头式、垫板式、弯钩式、U 形式等(图 4-14)。螺旋式隐蔽标志系用铜和铝合金加工成带丝口的活动标志，将螺母嵌入墙内，同时将标心旋进，测量后再旋下标心，拧上保护盖。

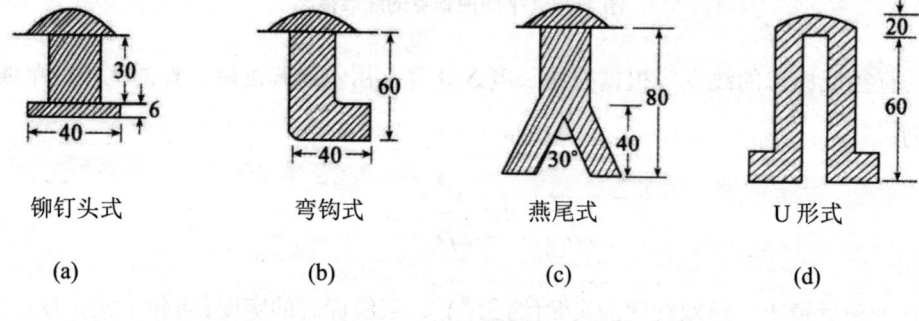

图 4-14　沉降观测标志

第五章 施工放样的基本工作研究

学习本章节，目的是要熟练掌握测设的三项基本工作，即已知水平距离测设、已知水平角测设和已知高程测设。在此基础上，着重掌握直角坐标法、极坐标法、前方交会法等平面位置放样的方法、高程传递方法以及坡度测设的方法，并掌握精度分析的方法和技巧。进而使学生能够根据实际工程情况和仪器设备条件选择合适的放样方法，并能够对测设的点位进行精度的分析，学会分析测设中产生测量误差的原因，懂得在实际测设时如何来消除或减弱误差，提高精度。

在建立好施工控制网以后，按照施工需要，将图上已设计的建筑物或构筑物的位置、形状、大小与高低，在实地上标定出来，作为施工的依据，这项工作称为放样。因此，放样过程中的任何一点差错将直接影响施工的进度和质量，因此施工测量人员必须具有高度的责任心。

为了达到预期的目的，在进行放样之前，测量人员首先要熟悉工程的总体布局和细部结构设计图，找出工程主要设计轴线和主要点位的位置以及各部分之间的几何关系，结合现场条件和已有控制点的布设情况，分析具体放样的方案，选择合适的放样方法，做出最优化处理，使放样精度达到最高。为了做好放样工作，要学习放样的有关规定、数据准备和方法的选择，熟悉各种放样的特点，并能进行精度分析。

进行施工测量工作时，其工程建筑物放样的程序，应遵守"由整体到局部""先轴线后细部"的原则。即首先应以原勘测设计阶段所建立的测图控制网为基础，根据施工总平面图和施工场地地形条件设计并建立好施工测量控制网，再根据施工控制网点在现场定出各个建(构)筑物的主轴线和辅助轴线，根据主轴线和辅助轴线标定建(构)筑物的各个细部点。采用这样的工作程序，能保证建(构)筑物几何关系的正确，保证各种建筑物、构筑物、管线等的相对位置能满足设计要求，而且使施工放样工作可以有条不紊地进行，便于工程项目分期分批地进行测设和施工，避免施工测量误差的累积。

将施工图上建筑物的形状、大小和高程，通过其特征点标定在实地上，如矩形建筑物的四角，线形建筑物的转折点等，因此点位放样是建筑物放样的基础。根据所采用的放样仪器和实地条件不同，常用的点的平面位置的放样方法有极坐标法、直角坐标法、方向线交会法、前方交会法、距离交会法、全站仪坐标放样等。高程放样的方法主要是采用水准高程放样和三角高程放样。无论是采用何种方法，从总体来说，施工放样的基本工作可以归结为已知水平角的测设、已知水平距离的测设和已知高程的测设。放样数据的计算就是求出放样所需的长度、角度、高程或放样点的坐标。

第一节 放样前的准备工作分析

一、一般规定

施工放样前，应搜集施工现场控制测量成果及其技术总结和有关地形图、工程建筑物的设计图与设计文件等必要的资料。再对图纸中的有关数据和几何尺寸，认真进行检核，确认无误后，方可作为放样的依据。放样工作的任何一点差错，都将直接影响工程的质量和施工进度，因此，必须按正式设计审批的图纸和设计文件进行放样，不得凭口头通知或用未经批准的草图放样。所有放样的点、线均应有检核条件，经过检查验收，正确无误后才能交付使用。

二、放样数据的准备

测量人员在施工放样前，应根据设计图纸和有关数据及使用的控制点成果，计算放样数据，绘制放样草图，所有数据、草图均应认真检核。在放样过程中，应使用放样手簿，建立完整的数据记录制度。手簿应按工程部位分开使用，并随时整理，妥善保管，防止丢失。放样手簿主要内容包括：工程部位、放样日期、观测和记录者姓名、放样所使用的控制点名称、坐标和高程、设计图纸的编号、放样数据及放样草图、放样过程中疑难问题的解决办法、实测资料及外业检查图形等。

三、放样方法的选择

在实践工作中，对于不同的工程和不同的施工场地，可结合具体条件灵活地选择放样方法。根据拥有设备的情况来确定放样实施方案。通常情况下，平面位置放样采用的方法有极坐标法、直角坐标法、距离交会法、角度交会法、方向线交会法；高程放样采用的方法有全站仪三角高程法和水准测量法。放样方法虽然较多，但归纳起来，最基本的方法还是测设水平角、测设长度和测设高程。

第二节 高程放样解析

已知高程测设，就是根据作业区附近的已知高程点，将另一点的设计高程测设到实地上。若附近没有高程点，则应从已知高程点处引测一个高程点到作业区域，并埋设固定标志。该点应有利于保存和放样，且应满足只架设一次仪器就能放出所需高程的要求。

一、地面点高程测设

如图 5-1 所示，A 点是已知高程水准点，高程 H_A，B 点的设计高程为 H_B。测设方法为：在 A、B 两点之间安置水准仪，先在 A 点竖立水准尺，读得读数为 a，则仪器的视线高为 $H_i = H_A + a$。要使 B 点的高程为设计高程 H_B，则在 B 点竖尺时，水准尺上的读数应为：

$$b_{应} = H_i - H_B = (H_A + a) - H_B \tag{5-1}$$

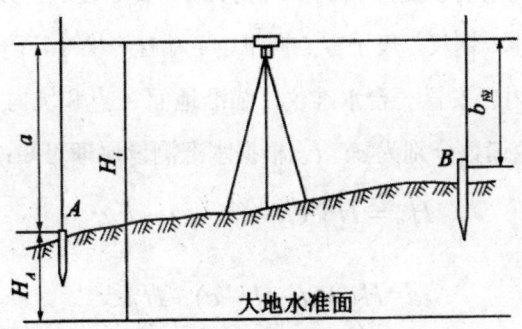

图 5-1 地面点高程测设

将水准尺紧贴 B 点处的木桩侧面，上下移动，当 B 尺读数为 $b_{应}$ 时，在木桩侧面沿尺子底部画一横线，此处即是高程为 H_B 的位置。

【案例 1】设施工区附近有一水准点 A，H_A=46.235 米，B 点为建筑物室内地坪待测点，设计高程为 H_B=46.023 米，将仪器安置在 A、B 两点之间，在 A 点上水准尺的读数 a=1.241 米，试求 B 点水准尺读数为多少时，尺子底部位置就是设计高程 H_B。

解：$b_{应} = (H_A + a) - H_B = 46.235 + 1.241 - 46.023 = 1.453$（米）

即当 B 点上水准尺读数为 1.453 米时，尺子底部位置的高程就是设计高程 H_B。

如欲使 B 点桩顶高程为 H_B，可将水准尺立于 B 桩顶上，若水准仪读数小于 b 时，则逐渐将木桩打入土中，使尺上读数逐渐增加到 b，这样 B 点桩顶的高程即为设计高程。

如果地面坡度较大，无法将设计高程在木桩顶部或一侧标出时，可立尺于桩顶，读取桩顶前视，根据下式计算出桩顶改正数：

桩顶改正数=前视桩顶实际读数-前视应读读数

假如前视应读读数是 1.500 米，前视桩顶实际读数是 1.050 米，则桩顶改正数为-0.450 米，表示设计高程的位置在自桩顶往下量 0.450 米处，可在桩顶上注"向下 0.450 米"。如果改正数为正，说明设计高程高于桩顶，应自桩顶向上量改正数，得设计高程。

二、空间点高程测设

空间点高程测设，就是由地面已知高程点，测设建筑物的上部、基槽或井下坑道里的高程点。由于已知高程点与待测设的高程点之间高差较大，除水准尺外，还要借助于钢尺或测绳来完成高程测设。

如图 5-2 所示，已知地面水准点 A 的高程为 H_A，要测设坑内设计点 B 的高程 H_B，在坑口设支架，自上而下悬挂一钢尺，尺子零点向下，下端挂一个 10 千克重的垂球，放入油桶中，观测时，在地面上和坑内各安置一台水准仪，瞄准地面 A 点和坑内 B 点处的水准尺，读数分别为 a 和 d，钢尺上下端读数分别为 c、d。根据水准测量原理可知：

$$H_B = H_A + a - (b-c) - d \tag{5-2}$$

$$d = H_A + a - (b-c) - H_B \tag{5-3}$$

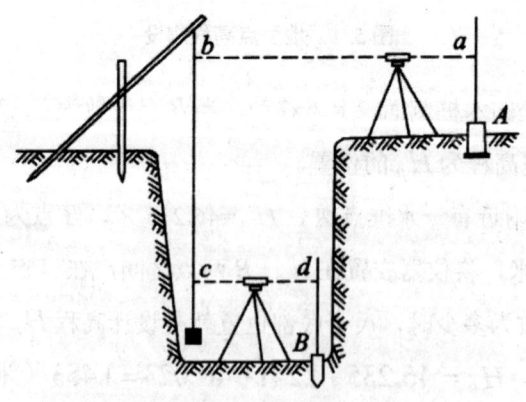

图 5-2 将地面高程传递到深坑里

在 B 点立尺,使水准尺紧贴着桩侧面或坑壁上下移动,当水准仪在水准尺上的读数等于 d 时,紧靠尺底在坑壁上画线,即可得到高程为 H_B 的位置。

【案例2】设水准点 A 的高程 H_A=50.587 米,B 点的设计高程为 H_B=38.564 米,坑口的水准仪读取 A 点水准尺和钢尺的读数分别为 a=1.425 米、b=12.357 米,坑底水准仪在钢尺上的读数 c=1.368 米,在 B 点所立尺上的读数为多少时,尺底高程就是 B 点的设计高程 H_B。

解:$d = H_A + a - (b-c) - H_B$ = 50.587+1.425-(12.357-1.368)-38.564=2.459(米)

即在 B 点上所立水准尺的读数为 2.459 米时,尺底高程就是 B 点的设计高程 H_B。

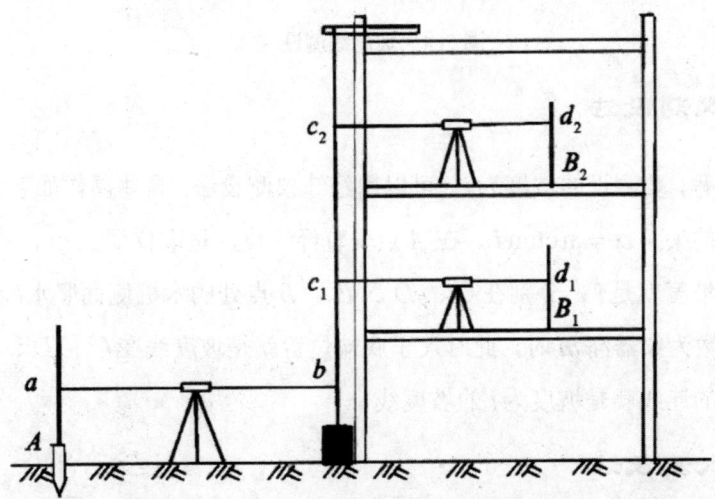

图 5-3 将地面点高程传递到高层建筑物上

用同样的方法,可由低处向高处测设已知高程点。如图 5-3 所示,已知地面水准点 A 的高程为 H_A,要测设各层楼面 B 的高程 H_B,由水准测量原理可知:

$$H_B = H_A + a + (c-b) - d \tag{5-4}$$

$$d = H_A + a + (c-b) - H_B \tag{5-5}$$

当测量精度要求较高时,在钢尺的长度中应加入尺长和温度改正。为了检核还应改变钢尺的悬挂位置后再重复测一次,当观测的同一点的高程互差不超过 3 毫米时,取平均值作为最后结果。

三、坡度线的测设

在公路工程和排水工程施工中,常常遇到坡度线测设。如图 5-4 所示,由 A 点沿 AB 方向测设一条坡度为 i 的坡度线。有两种方法可以完成坡度线测设:

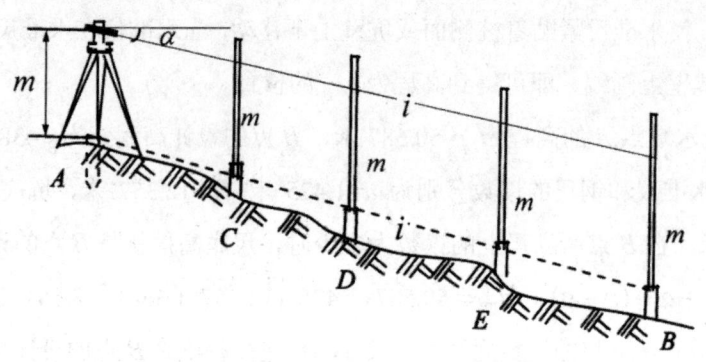

图 5-4 坡度线测设

（一）经纬仪测设法

当已知 A 点高程，要测设的坡度为 i，可以用经纬仪测设法。具体操作如下：根据坡度 i 计算坡度线与水平面的夹角 $\alpha = \arctan i$，在 A 点安置经纬仪，量取仪器高 m，使竖直角为 α。即望远镜的视线的坡度就是 i，分别在 C、D、E、B 点处的木桩侧面竖水准尺，上下移动水准尺，当尺上读数为仪器高 m 时，此时尺子底端位置就是坡度线在 C、D、E、B 点处的高程。即尺子底端的连线就是坡度为 i 的坡度线。

（二）水准仪测设法

当测设的坡度不大，且坡度线两端的高程 m_A 和 m_B 已知时，可以使用水准仪测设法。具体操作步骤如下：在 A 点安置水准仪，使一个脚螺旋在 AB 方向线上，另外两个脚螺旋的连线垂直于 AB 方向线，量取仪器高 m。在 B 点上立水准尺，水准仪照准 B 点水准尺，转动 AB 方向线上那个脚螺旋，使尺子上的读数与仪器高相同，此时视线就平行于 AB 的连线。在 C、D、E 处的木桩侧面立水准尺，上下移动水准尺，使尺上读数均等于仪器高 m，此时尺子底端的连线即为所测设的坡度线。这种方法常被称为平行线法。

第三节　已知水平距离的测设解析

已知水平角的测设，就是根据地面上给定的一个角顶点和一个已知方向，在地面上标定另一条边的方向，使其与已知边的夹角等于设计的角值。测设方法如下：

一、一般方法

如图 5-5 所示，设 O 点为角的顶点，地面上的已知方向 OA，欲测设水平角 $\angle AOC$ 等于设计角值 β。测设时将经纬仪或全站仪安置在 O 点，用盘左瞄准 A 点，读取水平度盘读数 L，松开照准部，旋转照准部，当度盘读数增加到 $L+\beta$ 时，在视线方向上定出 C' 点。用盘右位置照准 A 点，然后重复上述步骤测设角值，得另一点 C''，C' 与 C'' 往往不重合，取 C' 和 C'' 两点连线的中点 C。则 $\angle AOC$ 就是要测设的水平角，OC 方向线就是所要测设的方向。这种测设角度的方法通常也称为正倒镜分中法。

二、精密方法(归化法)

当水平角测设精度要求较高时，可以采用精密的方法。如图 5-6 所示，在 O 点置经纬仪或全站仪，先用一般方法测设 β 角，在地面上定出 C' 点，再用测回法观测 $\angle AOC'$ 多个测回(测回数由精度要求或按有关规范规定)，取各测回平均值，得到 $\angle AOC' = \beta_1$，计算 β 和 β_1 的差值，即 $\Delta\beta = \beta - \beta_1$，当 $\Delta\beta$ 举超过限差($\pm 10''$) 时，需要进行改正。根据 $\Delta\beta$ 和 OC' 的长度计算改正值 CC'：

$$CC' = OC \times \tan \Delta\beta = OC' \times \frac{\Delta\beta''}{\rho''} \tag{5-6}$$

式中：$\rho = 206265''$。

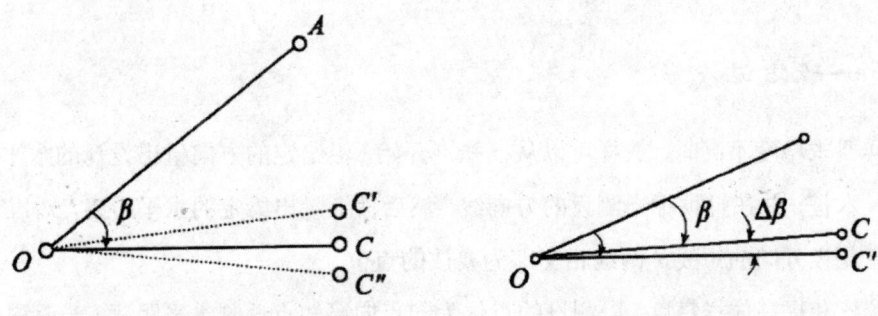

图 5-5　一般方法测设水平角　　　　图 5-6　精密法测设水平角

过 C' 点作 OC' 的垂线，以 C' 点为始点沿垂线方向量取 CC'，即得 C 点，则 $\angle AOC = \beta$。当 $\Delta\beta = \beta - \beta_1 < 0$，说明 $\angle AOC'$ 偏大，C' 点应向内改正；反之，向外改正。

【案例3】 已知地面上 A、O 两点，O 为角的顶点，欲沿顺时针方向测设 $\angle AOC = 120°$。

解：在 O 点安置经纬仪，盘左、盘右测设一个 $120°$ 角，取平均位置 C' 点，量得 $OC'=60$ 米，用测回法观测三个测回，取平均值得 $\angle AOC' = 120°00'40''$，

$$\Delta \beta = \beta - \beta_1 = 120° - 120°00'40'' = -40''$$

说明已测设的角大于要测设的角。计算改正值：

$$CC' = OC' \times \frac{\Delta \beta''}{\rho''} = 60 \times \frac{-40''}{206256''} = -0.012 \text{ 米} = -12 \text{ 毫米}$$

过 C' 点作 OC' 的垂线，以 C' 点为始点沿垂线方向量取 12 毫米，即得 C 点，则 $\angle AOC = 120°$。

第四节　已知水平角的测设解析

已知水平距离测设，就是根据地面上一个已知的起点，沿给定的方向，在地面上标定另一个端点，使两点之间的距离等于设计的距离，这项工作也称为已知长度直线的测设，在施工放样过程中经常用到。距离放样一般采用钢尺丈量，当精度要求较高时可采用电磁波测距仪或全站仪测设。

一、钢尺测设水平距离

（一）一般方法

当放样要求精度不高时，放样可以从已知点开始，沿给定的方向量出设计的水平距离，在终点处打一木桩，并在桩顶标出测设的方向线，然后仔细量出给定的水平距离，对准读数在桩顶画一垂直测设方向的短线，两线相交即为要放的点位。

为了校核和提高放样精度，以测设的点位为起点向已知点返测水平距离，若返测的距离与给定的距离有误差，且相对误差超过允许值时，须重新放样。若相对误差在容许范围内，可取两者的平均值，用设计距离与平均值的差的一半作为改正数，改正测设点位的位置(当改正数为正，短线向外平移，反之向内平移)，即得到正确的点位。

如图 5-7 所示，已知 A 点，欲放样 B 点。AB 设计距离为 28.50 米，放样精度要求达到 1∶2000。放样方法与步骤如下：

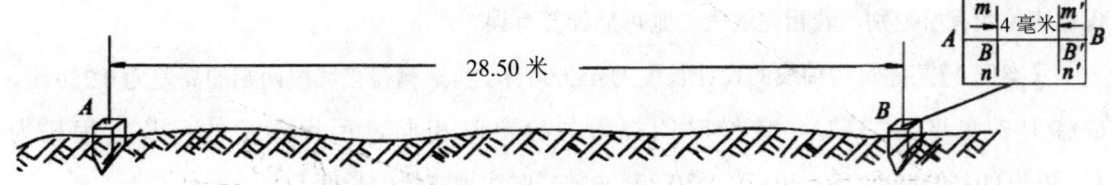

图 5-7　已知水平距离的测设

(1) 以 A 为准在放样的方向 ($A \rightarrow B$) 上量 28.50 米，打一木桩，并在桩顶标出方向线 AB。

(2) 甲把钢尺零点对准 A 点，乙拉直并放平尺子对准 28.50 米处，在桩上画出与方向线垂直的短线 $m'n'$，交 AB 方向线于 B' 点。

(3) 返测 $B'A'$ 得距离为 28.508 米。则 ΔD=28.500−28.508=−0.008 米。

$$相对误差 = \frac{0.008}{28.5} \approx \frac{1}{3560} < \frac{1}{2000}$$

测设精度符合要求。

$$改正数 = \frac{\Delta D}{2} = -0.004 \text{ 米}$$

(4) $m'n'$ 垂直向内平移 4 毫米得 mn 短线，其与方向线的交点即为欲测设的 B 点。

(二) 精密方法

当放样距离要求精度较高时，就必须考虑尺长、温度、倾斜等因素对距离放样的影响。放样时，可先用一般方法初步定出设计长度的终点，测出该点与起点的高差，测出丈量时的现场温度，再根据钢尺的尺长方程式计算尺长改正数、温度改正数和高差改正数。

设 $D_{设}$ 为欲测设的设计长度，在测设之前必须根据所使用钢尺的尺长方程式计算尺长改正数、温度改正数和高差改正数，则应丈量的水平距离 $D_{读}$ 可根据下式计算：

$$D_{读} = D_{设} - \frac{\Delta l}{l_0} \cdot D_{读}' - \alpha \cdot D_{读}' \cdot (t - t_0) + \frac{h^2}{2D_{读}'} \tag{5-7}$$

式中，Δl 为钢尺尺长改正值；l_0 为钢尺的名义长度；α 为钢尺线膨胀系数；t 为放样时的温度；t_0 为钢尺检定时尺面温度；h 为线段两端的高差。

若坡度不大时，上式右端的 $D_{读}'$ 可用 $D_{设}$ 代替，若坡度较大时，则应先以 $D_{设}$ 代入上式计

算出 $D_{读}'$ 的近似值，然后再以 $D_{读}'$ 的近似值代入公式中做正式计算。

为了保证计算无误，通常将计算出的数据 $D_{读}$ 与欲测设的水平距离 $D_{设}$ 进行比较。其差值仅在末位数有所差别，若相差太大，则可能计算有误。

【案例4】某建筑物轴线的设计长度为45.000米，实地测得直线段两端的高差为0.250米，放样时的温度为32℃，放样时的拉力与检定时相同，所用钢尺的尺长方程式为 $l = 30+0.004+0.0000125(t-20℃) \times 30$，试求放样时实地丈量的长度 $D_{读}$。

按计算的 $D_{读}$ 沿给定的方向丈量，即得放样长度。作为检查，再丈量一次，若两次放样结果在规定限差之内，可取平均位置作为最后放样结果。

二、全站仪（测距仪）放样距离

随着全站仪（测距仪）的普及，目前水平距离的测设，尤其是长距离的测设多采用全站仪或测距仪。如图5-8所示，安置测距仪于 A 点，瞄准已知方向，在距离放样模式下输入放样距离，指挥施镜员沿仪器瞄准方向前后移动棱镜，使仪器显示值略大于测设的距离，定出 B' 点。在 B' 点安置反光棱镜，测出竖直角 α 及斜距 L（必要时加测气象改正），计算水平距离：

$$D' = L \cdot \cos\alpha \tag{5-8}$$

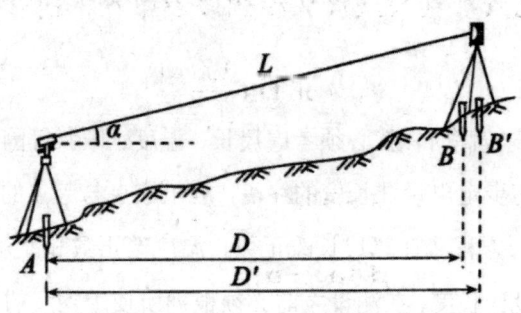

图5-8 测距仪放样水平距离

求出 D' 与应测设的水平距离 D 之差 $\Delta D = D - D'$。根据 ΔD 的符号在实地用钢尺沿测设方向将 B' 改正至 B 点，并用木桩标定其点位。为了检核，应将反光镜安置于 B 点，再实测 AB 距离，其不符值应在限差之内，否则应再次进行改正，直至符合限差为止。若用全站仪测设，仪器可直接显示水平距离，测设时，反光镜在已知方向上前后移动，使仪器显示值等于测设距离即可。

第五节　直角坐标法放样平面点位解析

一、放样方法

极坐标法点位放样是在控制点上测设一个水平角度和一段水平距离来确定点的平面位置。此法适用于测设点离控制点较近且便于量距的情况。若用全站仪测设则不受这些条件限制。

如图 5-9 所示，A、B 为控制点，其坐标 $A(x_A + y_A)$，$B(x_B + y_B)$ 为已知，P 点为建筑物的一个角点，其坐标 $P(x_P + y_P)$ 可在设计图上查得，现根据 A、B 两点，用极坐标法测设 P 点于实地上的位置。

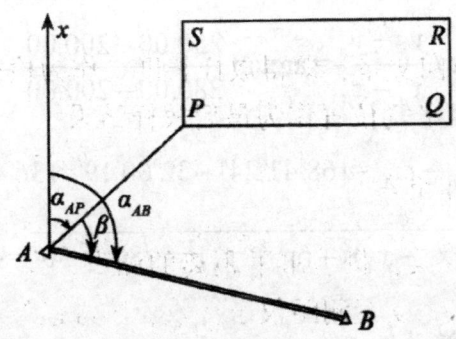

图 5-9　极坐标法测设点位

（一）用经纬仪、钢尺放样点位

1. 计算测设数据

先按下列公式计算出测设数据水平角 β 和水平距离 D_{AP}：

$$\left.\begin{aligned}\alpha_{AB} &= \arctan\frac{y_B - y_A}{x_B - x_A} \\ \alpha_{AP} &= \arctan\frac{y_P - y_A}{x_P - x_A} \\ \beta &= \alpha_{AB} - \alpha_{AP}\end{aligned}\right\} \tag{5-9}$$

$$D_{AP} = \sqrt{(x_P - x_A)^2 + (y_P - y_A)^2} \tag{5-10}$$

2. 测设点位

(1) 在 A 点安置经纬仪，瞄准 B 点，按逆时针方向测设 β 角，定出 AP 方向。

(2) 沿 AP 方向自 A 点测设水平距离 D_{AP}，定出 P 点，做出标志。

(3) 用同样的方法测设 Q、R、S 点。全部测设完毕后，检查建筑物四角是否等于 90°，各边长是否等于设计长度，其误差均应在限差以内。

同样，在测设距离和角度时，可根据精度要求分别采用一般方法或精密方法。

【案例5】如图 5-9 所示，已知 x_A=200.00 米，y_A=200.00 米，x_B=100.00 米，y_B=220.00 米，x_p=280.00 米，y_p=250.00 米。试求测设数据 β 和 D_{AP}。

解：

$$\alpha_{AB} = \arctan \frac{y_B - y_A}{x_B - x_A} = \arctan \frac{220.00 - 200.00}{100.00 - 200.00} = 168°41'24''$$

$$\alpha_{AP} = \arctan \frac{y_p - y_A}{x_p - x_A} = \arctan \frac{250.00 - 200.00}{280.00 - 200.00} = 32°00'19'$$

$$\beta = \alpha_{AB} - \alpha_{AP} = 168°41'24'' - 32°00'19' = 136°41'05''$$

$$D_{AP} = \sqrt{(x_p - x_A)^2 + (y_p - y_A)^2} = \sqrt{80^2 + 50^2} = 90.34 \text{米}$$

(二) 用全站仪放样

用全站仪按极坐标法测设点的平面位置，不需预先计算放样数据。如图 5-10 所示，A、B 为已知控制点，P 点为待测设的点。将全站仪安置在 A 点，瞄准 B 点，按仪器上的提示分别输入测站点 A、后视点 B 及待测点 P 的坐标后，仪器即自动显示水平角 β 和水平距离 D_{AP} 的测设数据，按仪器提示照准后视方向后，转动照准部直至角度显示为 0°00'00''，此时视线的方向即是欲测设 AP 方向。观测员指挥施镜员前后移动棱镜，差值为正时向近仪器方向移动，反之，背向仪器移动。当差值的绝对值较小时，可借助手钢尺来量距，定出 P 点的位置。然后再将棱镜立于 P 点，用全站仪检核点位。

二、放样点位的精度分析

根据极坐标法放样作业过程可以看出，放样设计点 P 时主要有两项工作，即测设水平角

度 β 和水平距离 D，所以影响放样点位精度的误差主要有放样角度的误差和放样水平距离的误差。此外，还有仪器对中误差、点位标定误差等。

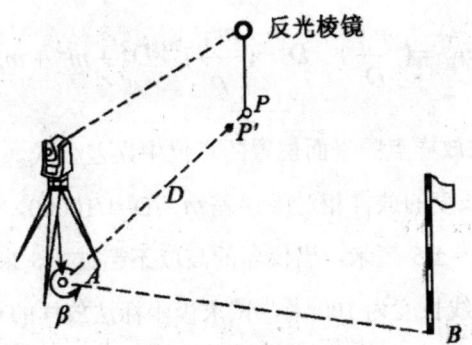

图 5-10 全站仪测设点位

如图 5-9 所示，P 点测设的实际点位可以表达为坐标正算计算式，即

$$x_p = x_A + D_{AP} \cos \alpha_{AP}$$
$$y_p = y_A + D_{AP} \sin \alpha_{AP} \tag{5-11}$$

$$\alpha_{AP} = \alpha_{AB} + \beta \tag{5-12}$$

根据误差传播定律对式(5-11) 和式(5-12) 求解 P 点在 x、y 轴产生的中误差，以中误差平方式表达则有：

$$m_{xp}^2 = \cos^2 \alpha_{AP} (\frac{m_D}{D})^2 \cdot D^2 + D^2 \cdot \sin^2 \alpha_{AP} (\frac{m_{AP}}{\rho})^2$$
$$m_{yp}^2 = \sin^2 \alpha_{AP} (\frac{m_D}{D})^2 \cdot D^2 + D^2 \cdot \cos^2 \alpha_{AP} (\frac{m_{AP}}{\rho})^2 \tag{5-13}$$

对(5-12) 式应用误差传播定律有：

$$m_{\alpha_{AP}} = m_\beta \tag{5-14}$$

需要说明的是，以上讨论中均未考虑起始点 A 的误差，即将起始点的误差忽略不计。将式(5-14) 代入式(5-13) 则有：

$$m_{xp}^2 = \cos^2 \alpha_{AP} (\frac{m_D}{D})^2 \cdot D^2 + D^2 \cdot \sin^2 \alpha_{AP} (\frac{m_\beta}{\rho})^2$$
$$m_{yp}^2 = \sin^2 \alpha_{AP} (\frac{m_D}{D})^2 \cdot D^2 + D^2 \cdot \cos^2 \alpha_{AP} (\frac{m_\beta}{\rho})^2 \tag{5-15}$$

将式(5-15) 代 AP 点的点位中误差 m_D。的计算式 $m_p^2 = m_{xp}^2 + m_{yp}^2$，中，并考虑仪器对中误差仍和标定点位误差 m_b，则有：

$$m_p^2 = (\frac{m_D}{D})^2 \cdot D^2 + (\frac{m_\beta}{\rho})^2 \cdot D^2 + m_s^2 + m_b^2 \qquad (5-16)$$

式(5-16) 即为极坐标法放样点的平面位置的点位中误差公式。

【案例 6】 已知设计长度的放样相对中误差 $m_D/D=1/10000$，测设水平角的误差 $m_\beta=\pm 10''$，标定点位的中误差 $m_{标}=\pm 5$ 毫米，当仪器的高度不超过 1.5 米时，采用光学对点器对中的误差可以忽略不计，设直线长度为 100 米，试求极坐标法放样的点位中误差。

由式(5-16) 得

$$m_p^2 = (\frac{1}{10000})^2 \cdot (100 \times 1000)^2 + (\frac{10}{206265})^2 \cdot (100 \times 1000)^2 + 5^2 = 100 + 24 + 25 = 149$$

故 $m_p = \pm 12$ 毫米

从式(5-16) 可见，当放样边的相对中误差、测设水平角的中误差和标定点位的中误差一定时，测设的距离 D 越长，点位中误差 m_p 越大。因此，在采用极坐标放样时，应该选用后视边较长，前视边较短的图形。

第六节　极坐标法放样平面点位解析

一、放样方法

用直角坐标法来放样待定点位是根据直角坐标原理，利用纵横坐标之差来测设点的平面位置。直角坐标法适用于施工控制网为建筑方格网或建筑基线，待测设的建(构) 筑物的轴线平行而又靠近基线或方格网边线，且量距方便的建筑施工场地。

如图 5-11(a)、(b) 所示，A、B、C、D 点是建筑方格网的顶点，其坐标值已知，P、Q、R、T 为拟测没的建筑物的四个角点，在设计图纸上已给定四个角点的坐标，现用直角坐标法测没建筑物的四个角桩。测设步骤如下：

(一) 计算测设数据

根据设计图上各点坐标值，可求出建筑物的长度、宽度及测设数据。

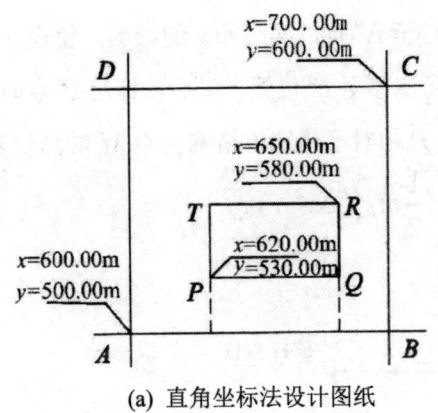 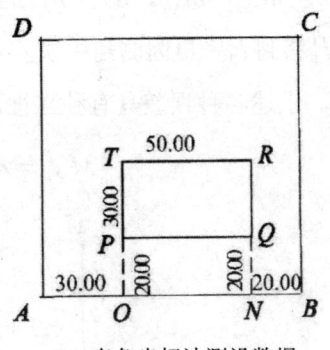

(a) 直角坐标法设计图纸　　　　(b) 直角坐标法测设数据

图 5-11　直角坐标法

$$建筑物的长度 = y_R - y_P = 580.00 - 530.00 = 50.00$$
$$建筑物的宽度 = x_R - x_P = 650.00 - 620.00 = 30.00$$

测设 P 点的测设数据(A 点与 P 点的纵横坐标之差)：

$$\Delta x_{AP} = x_P - x_A = 620.00 - 600.00 = 20.00$$
$$\Delta y_{AP} = y_P - y_A = 530.00 - 500.00 = 30.00$$

(二) 点位测设方法

(1) 在 A 点安置经纬仪，瞄准 B 点，沿视线方向测设距离 30.00 米，定出 O 点，继续向前测设 50.00 米，定出 N 点。

(2) 在 O 点安置经纬仪，瞄准 B 点，按逆时针方向测设 90°角，由 O 点沿视线方向测设距离 20.00 米，定出 P 点，做出标志，再向前测设 30.00 米，定出 T 点，做出标志。

(3) 在 N 点安置经纬仪，瞄准 A 点，按顺时针方向测设 90°角，由 N 点沿视线方向测设距离 20.00 米，定出 Q 点，做出标志，再向前测设 30.00 米，定出 R 点，做出标志。

(4) 检查建筑物四角是否等于 90°，各边长是否等于设计长度，其误差均应在限差以内。

测设上述距离和角度时，可根据精度要求分别采用一般方法或精密方法。直角坐标法计算简单。测设方便、精度较高、应用广泛。

二、放样点位的精度分析

如图 5-12 所示，用直角坐标法放样设计点 P 时，因测设纵横坐标差 Δx，Δy 而分别产生

距离中误差 $m_{\Delta x}$，$m_{\Delta y}$，由于 $m_{\Delta y}$ 的影响使 N 点移至 N' 点，又因 $m_{\Delta x}$ 的影响，使设计的点位 P 经过 P_1 移到 P_2，再因测角中误差 m_β 的影响，P_2 偏移至 P' 位置，最后，标定 P' 点时，产生误差 m_b。上述各种误差具有独立性，所以设计点 P 相对于建筑方格网角点 M 的总误差为：

$$M_P^2 = m_{\Delta x}^2 + m_{\Delta y}^2 + (\frac{1}{2} m_\beta)^2 \Delta x^2 + m_b^2 \tag{5-17}$$

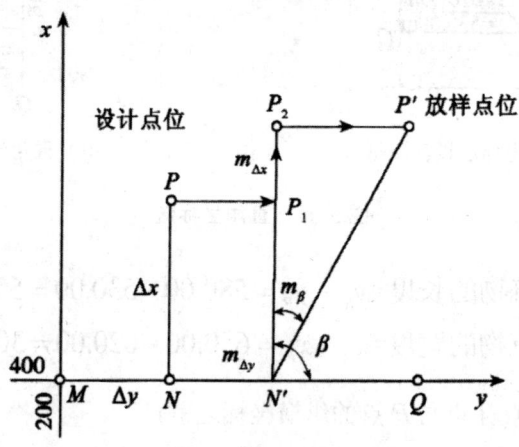

图 5-12 直角坐标法放样点位中误差示意图

放样 P 点时所测设的距离，就是 P 点相对于方格网角点的坐标增量 Δx，Δy。由于衡量放样距离精度的指标是相对误差，即 $\dfrac{m_{\Delta y}}{\Delta y}$，$\dfrac{m_{\Delta x}}{\Delta x}$，则各边全长的误差为 $(\dfrac{m_{\Delta y}}{\Delta y})\Delta y$ 和 $(\dfrac{m_{\Delta x}}{\Delta x})\Delta x$；

根据等精度的原则，即 $\dfrac{m_{\Delta x}}{\Delta x} = \dfrac{m_{\Delta y}}{\Delta y} = \dfrac{m_D}{D}$，由中误差的定义，可写成下列形式：

$$M_P^2 = (\frac{m_D}{D})^2 \Delta x^2 + (\frac{m_D}{D})^2 \Delta y^2 + (\frac{m_\beta}{\rho})^2 \Delta x^2 + m_b^2$$

或

$$M_P^2 = (\frac{m_D}{D})^2 (\Delta x^2 + \Delta y^2) + (\frac{m_\beta}{\rho})^2 \Delta x^2 + m_b^2 \tag{5-18}$$

如果沿 x 轴先量 Δx 再沿垂线量 Δy，则设计点 P 的中误差为：

$$M_P^2 = (\frac{m_D}{D})^2 (\Delta x^2 + \Delta y^2) + (\frac{m_\beta}{\rho})^2 \Delta y^2 + m_b^2 \tag{5-19}$$

对照式(5-16)、(5-18)、(5-19) 可以看出，极坐标法与直角坐标法放样的点位中误差形式基本相同，后者用坐标增量代替边长 D，而且比极坐标法多测设一个边，所以直角坐标法是极坐标法的一种特殊情况。

【案例 7】 用直角坐标法放样，已知 $m_D/D = 1/10000$，$m_\beta = \pm 30''$，$m_b = \pm 5$ 毫米，$\Delta x = 50$ 米，$\Delta y = 100$ 米，求 P 点点位中误差。

解：按式(5-18) 计算，则 P 点点位中误差为：

$$M_P^2 = (\frac{1}{10000})^2 \left[(100 \times 1000)^2 + (50 \times 1000)^2\right] + \frac{30^2}{4.25 \times 10^{10}}(50 \times 1000)^2 + 5^2 = 204$$

故 $M_P = \pm 14$ 毫米

按式(5-19) 计算，则 P 点点位中误差为：

$$M_P^2 = (\frac{1}{10000})^2 \left[(100 \times 1000)^2 + (50 \times 1000)^2\right] + \frac{30^2}{4.25 \times 10^{10}}(100 \times 1000)^2 + 5^2 = 366$$

故 $M_P = \pm 19$ 毫米

从上面的计算可以看出，在其他条件相同情况下，点位中误差的大小与放样程序有关。也就是说，要先沿着建筑方格网的横向还是先沿着纵向放样。由案例 7 可见：当 $\Delta x < \Delta y$ 时，应先沿横向测设距离，然后，沿纵向测设距离，采用这样的程序，可以得到较精确的点位；如果 $\Delta x > \Delta y$，则应采用与上述相反的程序放样。由此可见，对于大的坐标增量应沿坐标线测设，而对于小的坐标增量则在垂直于坐标线的方向上测设。

第七节　距离交会法放样平面点位解析

距离交会法是由两个控制点测设两段已知水平距离，交会定出点的平面位置。距离交会法适用于待测设点至控制点的距离不超过一尺段长，且地势平坦、量距方便的建筑施工场地。根据工程要求的精度，距离交会法可分为距离交会直接放样和距离交会归化放样。

一、距离交会直接放样

当工程要求点位放样精度较低时，可采用距离交会直接放样法。

(一) 计算测设数据

如图 5-13 所示，A、B 为已知平面控制点，P 为待测设点，现根据 A、B 两点，用距离交会法测设 P 点，其测设数据计算方法如下：

根据 A、B、P 三点的坐标值，分别计算出 D_{AP} 和 D_{BP}

$$D_{AP}=\sqrt{(x_P-x_A)^2+(y_P-y_A)^2}$$

$$D_{BP}=\sqrt{(x_P-x_B)^2+(y_P-y_B)^2} \tag{5-20}$$

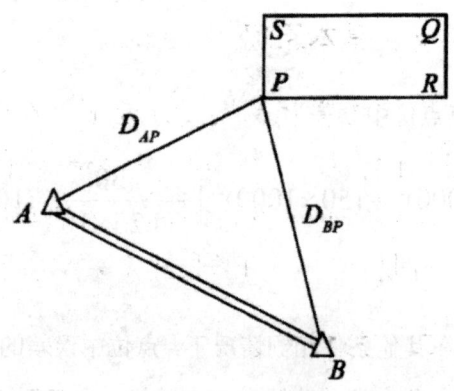

图 5-13 距离交会法

(二) 点位测设方法

(1) 将钢尺的零点对准 A 点，以 D_{AP} 为半径在地面上画一圆弧。

(2) 再将钢尺的零点对准 B 点，以 D_{BP} 为半径在地面上再画一圆弧。两圆弧的交点即为 P 点的平面位置。

(3) 用同样的方法，测设出 Q 的平面位置。

(4) 丈量 P、Q 两点间的水平距离，与设计长度进行比较，其误差应在限差之内。实际作业时，先应根据 A、B、C 三点的坐标值判断 P 点在 AB 的左边还是右边。

二、距离交会归化法放样

当工程需要点位放样精度较高时，可采用距离归化法放样。在现场用直接放样法放样过渡点 P'，然后用距离交会归化法归化点位到 P 点。其具体操作步骤如下：

(1) 如图 5-14 所示，从过渡点 P' 开始，分别测出 D'_{AP} 和 D'_{BP} 的长度。

(2) 计算 $\Delta D_a = \Delta D_{AP} - \Delta D_{AP'}$，$\Delta D_b = \Delta D_{bP} - \Delta D_{AP'}$

(3) 画归化图，得交点 P 点。

(4) 将归化图纸带到实地，将 P' 与实地 P' 点重合，AP' 和 BP' 与实地方向一致，则 P 点所对应的实地位置即为所求的 P 点位置。将其转移到实地，并标明之。

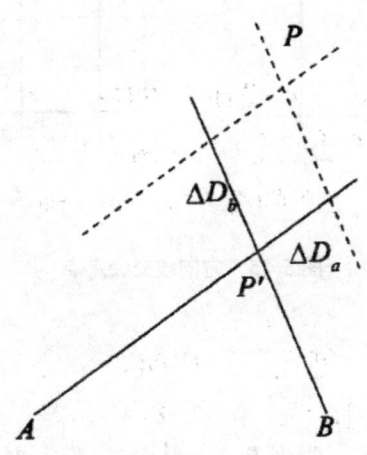

图 5-14 距离交会归化放样

第八节 方向线交会法放样平面点位解析

在工业厂房设计中，根据其功能需求，常会有成排的立柱，并且分布在平行于主轴线的两个相互垂直的方向上，另外可能还有一些设备的底座。在施工过程中，放样立柱位置时可采用方向线交会法，即利用两条垂直方向线相交来定出放样点位置。

如图 5-15(a) 所示，$AA'D'D$ 是一个厂房的主轴线，现在要放样立柱 N_1、N_2 的位置。现以 N_1 点为例说明测设过程。

一、计算测设数据

从图纸上查出 N_1 柱子中心位置，求其与邻近距离指标桩的相对关系，据此绘出放样数据图表，如图 5-15(b)。

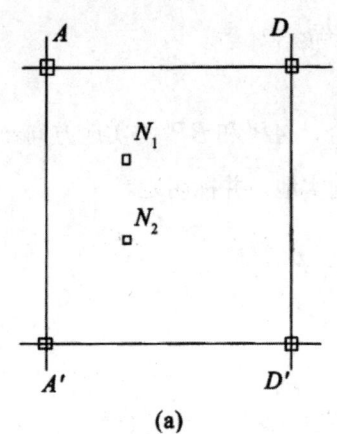 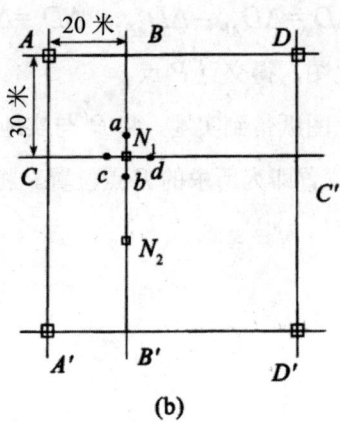

图 5-15 方向线交会定点

二、点位测设方法

(1) 从角桩 A 沿 AD 量 20 米，得到 B 点，从角桩 A' 沿 $A'D'$ 量 20 米，得到 B' 点。从角桩 A 沿 A' 量 30 米，得到 C 点，同理，得到 C' 点。

(2) 在 B 点安置经纬仪瞄准 B' 上的标志，得到方向 BB'，沿此方向线在 N_1 的挖土范围以外。设立 a、b 点。为了消除仪器误差的影响，需用正倒镜取中的方法确定 a、b 两点的位置。

(3) 在 C 点安置经纬仪瞄准 C' 上的标志，得到方向 CC'，同样的操作步骤得到 c、d 两点。

(4) 有了 a、b、c、d 四点，用拉线的方法，定出 N_1 立杆中心位置。

如果 B、B' 两点之间不能通视，或者两点上不便安置仪器，可在 B、B' 两点上安置观测标志，选择与 B、B' 两点都能通视的地方如 M 点安置仪器。用正倒镜投点法，将经纬仪准确地安置在 BB' 方向线上。然后用经纬仪照准 B 点，用正倒镜取中的方法定出 a、b 两点。如果 C、C' 之间不通视，也可以用此方法定出 c、d 两点。

第九节 角度前方交会法放样平面点位解析

一、两方向交会法

角度前方交会法是根据测设的两个水平角值定出两直线的方向。当需测设的点位与已知控制点相距较远或不便于测距时，可采用角度前方交会法。如图 5-13 所示，A，B 为已知控制点，

P 为要测设的点，其测设方法如下：

（一）计算测设数据

(1) 按坐标反算公式，分别计算出 α_{AB}、α_{AP}、α_{BP}：

$$\alpha_{AB} = \arctan \frac{y_B - y_A}{x_B - x_A}$$

$$\alpha_{AP} = \arctan \frac{y_P - y_A}{x_P - x_A}$$

$$\alpha_{BP} = \arctan \frac{y_P - y_B}{x_P - x_B} \tag{5-21}$$

(2) 计算水平角 β_1、β_2：

$$\beta_1 = \alpha_{AB} - \alpha_{AP}$$

$$\beta_2 = \alpha_{BA} - \alpha_{BP} \tag{5-22}$$

（二）测设方法

当用一台经纬仪测设时，无法同时得到两条方向线，这时一般用打骑马桩的方法，如图 5-16 所示。具体方法如下：

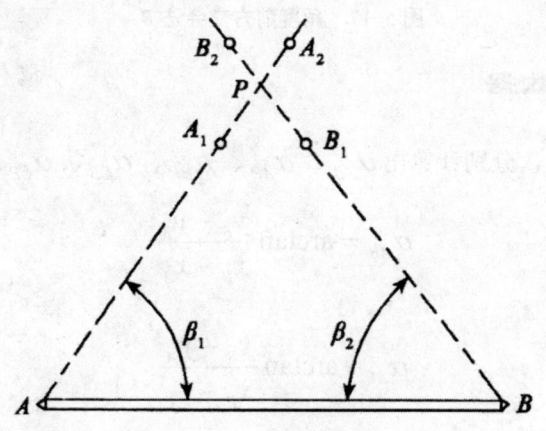

图 5-16 角度前方交会法

(1) 经纬仪架在 A 点时，测设 β_1 得到了 AP 方向线。

(2) 在大概估计 P 点位置后，沿 AP 方向离 P 点一定距离的地方，打入 A_1、A_2 两个桩，桩顶作出标志，使其位于 AP 方向线上。

(3) 同理，将经纬仪搬至 B 点，可得 B_1、B_2 两桩点。

(4) 在 A_1、A_2 与 B_1、B_2 之间各拉一根细线，两线交点即为 P 点的位置。这样定出的 P 点，即使在施工过程中被破坏，恢复起来也非常方便。

为满足精度要求，只有两个方向交会，一般应重复交会，以作为检核。

二、三方向交会法

采取三个控制点从三个方向交会，如图 5-17 所示，A、B、C 为已知平面控制点，P 为待测设点，现根据 A、B、C 三点，用角度交会法测设 P 点，其测设方法如下：

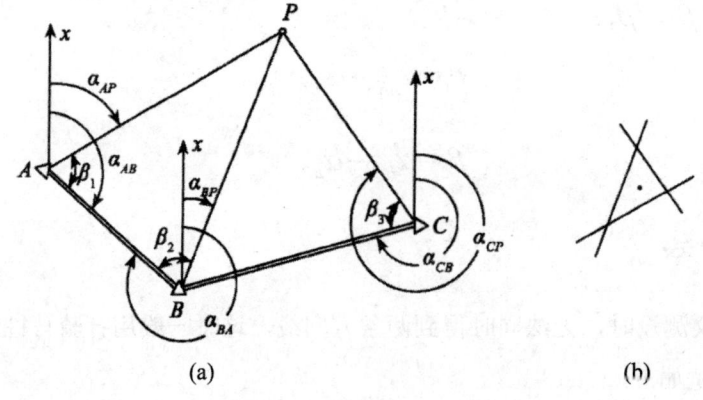

图 5-17　角度前方交会法 B

（一）计算测设数据

(1) 按坐标反算公式，分别计算出 α_{AB}、α_{AP}、α_{BP}、α_{CB}、α_{CP}：

$$\alpha_{AB} = \arctan \frac{y_B - y_A}{x_B - x_A}$$

$$\alpha_{AP} = \arctan \frac{y_P - y_A}{x_P - x_A}$$

$$\alpha_{BP} = \arctan \frac{y_P - y_B}{x_P - x_B}$$

$$\alpha_{CB} = \arctan\frac{y_B - y_C}{x_B - x_C}$$

$$\alpha_{CP} = \arctan\frac{y_P - y_C}{x_P - x_C} \tag{5-23}$$

(2) 计算水平角 β_1、β_2 和 β_3：

$$\beta_1 = \alpha_{AB} - \alpha_{AP}$$

$$\beta_2 = 360° - \alpha_{BA} + \alpha_{BP}$$

$$\beta_3 = \alpha_{CP} - \alpha_{CB} \tag{5-24}$$

(二) 测设方法

(1) 在 A、B 两点同时安置经纬仪，同时测设水平角 β_1 和 β_2 定出两条视线，在两条视线相交处钉下一个大木桩，并在木桩上依 AP、BP 绘出方向线及其交点。

(2) 在控制点 C 上安置经纬仪，测设水平角 β_3，同样在木桩上沿 CP 绘出方向线。

(3) 如果交会没有误差，此方向应通过前两方向线的交点，否则将形成一个"示误三角形"，如图 5-14(b) 所示。若示误三角形边长在限差以内，则取示误三角形重心作为待测设点 P 的最终位置。

测设 β_1、β_2 和 β_3 时，视具体情况，可采用一般方法和精密方法。三方向交会精度高于两方向交会，在桥墩中心位置水下定位时常用此种方法。

三、前方交会归化法放样点位

如图 5-18(a) 所示，A、B 为已知点，其坐标已知，待定点 P 的设计坐标也已知。利用 A、B、P 三点坐标计算出 β_a 和 β_b 两个角度值。

先用一般放样法放样 P' 点。然后分别在 A、B 设站，观测卢 β_a' 和 β_b'。计算 $\Delta\beta_a = \beta_a - \beta_a'$，$\Delta\beta_b = \beta_b - \beta_b'$，再用图解方法从 P' 点出发求得 P 点的点位。其具体做法如下：

(1) 如图 5-18(b) 所示，在图纸上适当的地方划一点作为 P' 点。

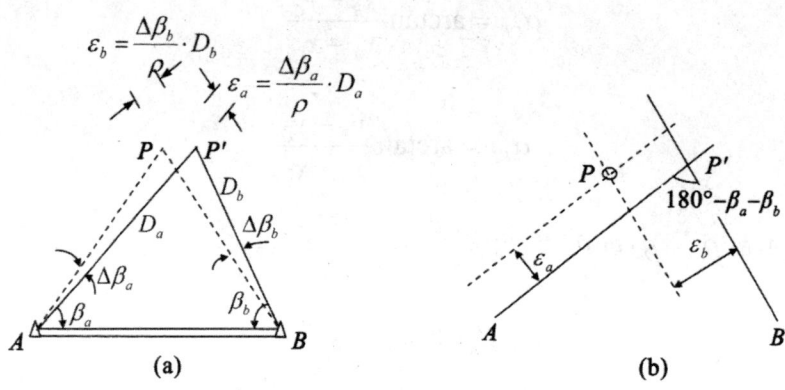

图 5-18 前方交会归化法放样点位

(2) 画两条交叉线，使其夹角为 $(180°-\beta_a-\beta_b)$。并用箭头指明 $P'A$ 及 $P'B$ 方向。为此，也可以按 A、B 与 P'(或 P) 坐标差，按缩小的比例尺画出 A、B 两点的位置。

(3) 计算平移量：

$$\begin{cases} \varepsilon_a = \dfrac{\Delta\beta_a}{\rho} \cdot D_a \\[6pt] \varepsilon_b = \dfrac{\Delta\beta_b}{\rho} \cdot D_b \end{cases} \tag{5-25}$$

(4) 作 PA、PB 两线，这两线平行于 $P'A$ 和 $P'B$，平行间距分别为 ε_a 和 ε_b。参考 $\Delta\beta_a$ 和 $\Delta\beta_b$ 的正负号决定平行线在哪一侧。此两平行线的交点即为 P 点。

(5) 将画好的归化图拿到现场，让图纸上的 P' 点与实地 P' 点重合，$P'A$ 和 $P'B$ 与实地对应线重合，此时 P 点位置对应的地面点位置即为归化后的 P 点。将它转移到实地，并做上标记。

这种方法计算比较简单直观，归化精度较高，也可称为"秒差归化法"或"角差图解法"。用前方交会角差图解法放样，因为放样点与已知点已定，可预先计算好各测站放样待定点的秒差和画好定位图上的交会方向线，当各测站作业员照准 P' 点读出角值，立即可以算得角差 $\Delta\beta$ 和该方向的横向位移 ε，并通知定点人员。定点人员则根据各横向位移值，很快地在定位图上标出 P' 点，并求得归化量。定位中即使过渡点 P' 不很稳定(例如设在船上)，也可以用同步观测方法得到其与设计位置的差值。因此，它是一种快速放样(定位)的方法。

第十节 直线放样方法解析

在实际工程中，无论是工业厂房中柱列轴线的测设，还是直线型大坝轴线或坝轴线的平行线的测设、直线型桥梁的墩、台定位，都需要进行直线放样。可根据实际中的工程条件和测量仪器确定测设方法。

一、基本原理

直线放样就是按设计要求，在实地定出直线上一系列点的工作，直线放样又称定线。如已知两控制点 A、B，其坐标为 $A(x_A,\ y_A)$，$B(x_B,\ y_B)$，欲测设 $C(x_C,\ y_C)$。它分为两种情况：一种是在两点间定出其间连线上的一些点位，称"内插定线"，即 C 在 AB 之间；另一种是在两点的延长线上定点，称"外延定线"，即 C 在 AB 之外。

二、放样方法

(一) 在两个已知点之间的直线上投点

1. 正倒镜投点法

该方法是利用相似三角形的原理找出仪器偏离已知方向线的距离，然后将仪器移动至已知方向线上。如图 5-19 所示，AB 为已知方向线，首先将仪器安置在 O' 点，假设仪器无误差，先后视 A 点，然后倒转望远镜前视，十字丝交点不位于 B 点，而位于其附近的 B'，量取 BB' 后，即可根据 AB 和 AO 的长度，求出仪器偏移方向线的距离 $OO' = \dfrac{AO}{AB} \cdot BB'$。将仪器由 O' 向方向线 AB 移动 OO'，即可将仪器安置在已知方向线上。

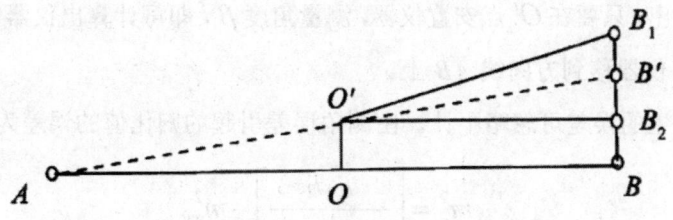

图 5-19 正倒镜投点法

由于实际工作中的仪器都存在视准轴不垂直于横轴，或横轴不垂直于竖轴的误差，实际操作时，先目测一下两端点的位置，将仪器大致安置在 AB 连线 O' 点上，用盘左、盘右两个位置分别照准 A 点，倒镜后则十字丝中心分别位于 B_1、B_2 点，取其平均值即得 B' 点，按前述方法初步计算出 OO'，然后再移动仪器。由于初步安置仪器时，AO 的距离不能精确确定，因此，OO' 的值也很近似，故只能用多次重复上述操作，以逐渐趋近的方法直至仪器移至 AB 上为止。

2．测角归化法

如图 5-20 所示，A、B 为已知点，O 点为欲测设点位，其坐标已知，通过计算可得 $D_{AO}=a$，$D_{BO}=b$，在尽可能靠近 O 点的 O' 安置仪器，观测角度 β，然后计算归化之 δ。

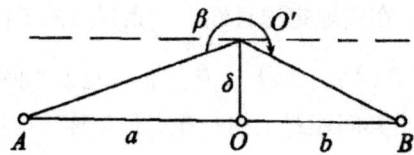

图 5-20　测角归化法

因为 O' 点与 O 非常接近，所以可近似看作 $AO'=a$，$BO'=b$，$\triangle AO'B$ 的面积

$$S_{\triangle AO'B}=\frac{1}{2}a\cdot b\cdot\sin(180°-\beta)=\frac{1}{2}\delta\cdot(a+b) \tag{5-26}$$

则

$$\delta=\frac{a\cdot b\cdot\sin(180°-\beta)}{a+b} \tag{5-27}$$

因为 β 接近于 $180°$，所以 $\Delta\beta=180°-\beta$ 很小，故

$$\delta=\frac{a\cdot b\cdot\sin(180°-\beta)}{a+b}=\frac{a\cdot b\cdot\sin\Delta\beta}{a+b}\approx\frac{a\cdot b}{a+b}\cdot\frac{\Delta\beta}{\rho} \tag{5-28}$$

由上述可以看出，只要在 O' 点安置仪器，测量角度 β，即可计算出仪器偏离方向线 AB 的偏距 δ，并按 δ 将仪器移到方向线 AB 上。

在此测距所产生的误差可忽略不计，由测角误差引起的归化值的误差为：

$$m_\varepsilon^2=\left[\frac{a\cdot b}{\rho\cdot(a+b)}\right]^2\cdot m_{\Delta\beta}^2 \tag{5-29}$$

即

$$m_\varepsilon = \left[\frac{a \cdot b}{\rho \cdot (a+b)}\right] \cdot m_{\Delta\beta} \tag{5-30}$$

(二) 在已知直线的延长线上投点

在实际工作中外延定线方法通常有正倒镜分中延线法、旋转180°延线法等方法。下面就这些方法在实际中的具体应用和精度状况作简要介绍和分析。

1．正倒镜分中延线法

如图 5-21 所示，操作步骤如下：

(1) 在 B 点架设经纬仪，对中、整平。

(2) 盘左用望远镜瞄准 A 点后，固定照准部。

(3) 把望远镜绕横轴旋转180°定出待定点 C'。

(4) 盘右重复步骤(2)、(3) 得 C''。

(5) 取 C' 和 C'' 的中点为 C，则 C 点为待放样的直线上的点。

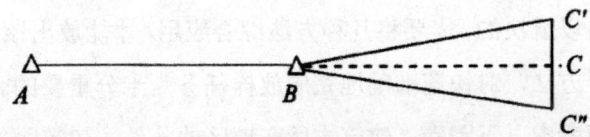

图 5-21　正倒镜分中延线法

在正倒镜分中延线法中采用盘左、盘右，主要是为了避免经纬仪视准轴不垂直于横轴而引起的视准轴误差的影响。

2．旋转180°延线法

如图 5-22 所示，操作步骤如下：

(1) 将仪器安置在 B 点，对中、整平。

(2) 盘左照准 A 点，顺时针旋转180°，固定照准部，视线方向即为延伸的直线方向。

(3) 依次在此视线上定出 C'、D'、E' 等点。

(4) 盘右重复上述步骤得 C''、D''、E'' 等点。

(5) 取 C'、C''，D'、D''，E'、E''……的中点 C、D、E……即为最后标定的直线点。

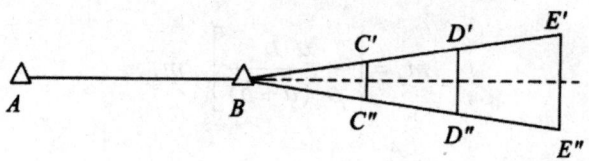

图 5-22 旋转180°延线法

此法适用于仪器误差较小,且不需延伸太长,或是精度要求不太高时采用。当在一个点上架设仪器不够标出所有点时,可搬迁测站,则此时逆转望远镜照准部,如此反复。当有延伸点时,相邻点间距离不应有太大的变化。

第十一节 放样方法的选择分析

前面几节介绍了各种点位放样方法,在实际放样工作中,由于工程建筑物复杂多样,往往不是单一的基本方法可以解决的,需要将几种方法综合应用,才能放出该建筑物的轮廓点、线。因此,选取适当的放样方法,对快速准确地完成放样任务是十分重要的。

放样方法的选择应考虑以下因素:建筑物所在地区的条件;建筑物的大小、种类和形状;放样所要求的精度;控制点的分布情况;施工的方法和速度;施工的阶段;测量人员的技术条件;现有的仪器条件等。

测量放样工作是为工程施工服务的。所以,放样方法的选择与工程建筑物的类型、工程建筑物的施工部位、施工现场条件和施工方法以及放样的精度要求和控制点的分布都有着密切的关系。

根据前面对各种方法介绍和分析可知,在工业厂区的建设中,多采用直角坐标法或方向线交会法放样出柱子或设备中心位置,而对于桥梁的桥墩中心或混凝土拱坝坝块则多采用前方交会法和极坐标法放样确定。在同一工程建设中,不同的部位,采用方法也可能不同,如直线型混凝土重力坝的底层浇筑时,各坝块的中心系根据设置在上、下游围堰及纵向围堰和岸边的施工控制网点,采用方向线交会法放样确定,而上部坝块的中心,则利用两岸的控制点采用轴线交会法放样确定。对于高大的塔式建筑物和烟囱,为满足滑模快速施工的要求。常采用激光铅直仪进行投点以确定烟囱的施工中心。

在工程施工中，施工控制点的分布情况对放样方法的选择有着关键性的作用，这主要是因为不同的放样方法对控制点的要求有所不同。例如，方向线交会法要求两对控制点的连线要正交或形成矩形方格控制网，另外对于不同控制点的选取也会对放样精度产生不同的影响。因此，放样方法的选取应该是在进行施工控制网设计时作为设计考虑的一个方面。

测量仪器设备对放样方法的确定也起着不可忽视的作用，对于不同的仪器，对同一个点的放样选取的方法也有所不同。随着仪器设备的不断更新，有些放样方法也逐步被淘汰，同时又有许多新方法出现。

为了保证建筑物放样的精度要求，在设计施工控制网精度时，就应考虑各种放样方法及其在各种不同的条件下所能达到的精度，由此来确定放样测站的加密方法及精度，进而结合具体工程建筑物的施工条件、现场情况来设计控制点的密度和加密方法与层次，并根据放样点的放样精度要求，来推求对控制网的精度要求，以作为控制网设计的精度依据。它也是选取放样方法时所需考虑的一种因素。

第六章 局域定位系统在工程测量场中的应用

本章从三个方面对测绘领域的坐标测量方法以及局域定位系统的基本理论进行了简单的介绍。

首先,相对于测绘领域中传统的测量仪器,比如全站仪、经纬仪等,它们最基本的定位理论是角度交会和距离交会。角度交会按照测站设在已知点上还是未知点上,可以分为前方交会、后方交会和侧方交会。这三种方法各有利弊,分别适用于不同的测量场。在摄影测量中得到广泛应用的光束平差法,在建立共线约束方程的前提下,也可以达到很好的定位效果。

其次,针对本书提到的局域定位系统,介绍了该系统的组成以及各个部分的工作原理。根据计数器的所测得发射站从初始位置旋转至接收器位置时所经过的时间,通过一定的转换关系,系统可以测得接收器相对于发射站的空间角度。在已知角度的前提下,提出了共面约束和共线约束的两种坐标测量方法。

最后,分析了将局域定位系统引入到工程测量领域的重难点,其中亟待解决的问题是扫描激光和同步激光信号量程的扩展、标定方法与自定位精度的关系以及系统整平前后解算方法的差异等,只有把这几项问题解决了才能实现局域定位系统向工程测量场的引入。同时通过对现有的系统定向方法进行分析,总结得出在大空间的测量场中,附加距离约束的系统定向方法已经不适用了。基于控制点坐标的系统定向方法在提高标定效率的同时,可以很好地满足坐标测量精度的要求。

第一节 工程测量场中局域定位理论与方法

一、角度交会法的坐标测量模型

在大尺寸的工业测量场中所提到的几何测量通常指的是角度、位移、距离以及空间位置的测量,而坐标测量即空间位置的测量,它是在角度和距离测量的基础上进行定位的。常用的坐标测量仪器有三坐标测量机、关节式坐标测量机、经纬仪、全站仪、激光跟踪仪、激光扫描仪、室内 GPS 以及 GPS 等。从测量原理上进行区分，三坐标测量机和关节式坐标测量机都属于接触式测量，经纬仪、室内 GPS 和数字近景工业摄影测量属于角度交会测量，全站仪、激光跟踪仪和激光扫描仪都是空间极坐标测量，GPS 属于距离交会测量。

在工程测量中，通常可以利用全站仪和激光跟踪仪等测距仪得到高精度的距离。同时基于距离交会的定位方法也得到的广泛的应用。它的基本原理是通过在 n 个已知坐标的控制点上测量其到待测量点的距离，然后以距离为半径做圆，最后 n 个圆的交点即为待测点，可求其坐标。同时，这种方法也被广泛应用于高程测量以及水平变形测量等工程中。基于距离交会的控制点定位精度不仅与距离测量精度以及仪器数量有关，而且与交会角度有关，通常在交会角接近 90°时，定位精度比较高。

（一）后方交会

后方交会指的是在待测点上设站，通过观测至少三个已知点之间的夹角，利用一定的数学关系就可以导出待测点的坐标。

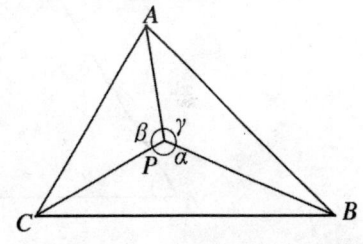

图 6-1 后方交会法

如图 6-1 所示，A，B，C 的坐标已知，利用经纬仪，通过观测可以得到三个点之间的夹角分别为 α、β、γ 利用下面的公式(6-1) 可以得到 P 点坐标：

$$\begin{cases} x_1 = \dfrac{1}{2}\left[x_A + x_B + (y_A - y_B)\cot\gamma\right] \\ y_1 = \dfrac{1}{2}\left[y_A + y_B + (x_B - x_A)\cot\gamma\right] \\ y_2 = \dfrac{1}{2}\left[x_A + x_C + (y_A - y_C)\cot\gamma\right] \\ x_2 = \dfrac{1}{2}\left[y_A + y_C + (x_C - x_A)\cot\gamma\right] \\ K = 2\dfrac{y_A(x_2 - x_1) - x_A(y_2 - y_1) + x_1 y_2 - x_2 y_1}{(x_2 - x_1)^2 + (y_2 - y_1)^2} \\ x_P = x_A + K(y_2 - y_1) \\ y_P = y_A + K(x_1 - x_2) \end{cases} \quad (6-1)$$

当点 P 处于三角形 ABC 的外接圆上时，通过经纬仪测得的三个点之间的夹角 α、β、γ

将不会变化,这就使得点 P 有无穷多解。同时在计算的过程中存在分母为零的无效算法,所以在实际测量的时候,要尽量避免让待测点距已知点的外接圆很近。

(二) 前方交会

在交会算法中,前方交会与侧方交会在原理上是一样的。前方交会是通过在两个已知点上设站,然后观测待测点,利用一定的数学算法可以得到待测点坐标,示意图如图 6-2 所示。侧方交会是通过在一个待测点和一个已知点上设站,然后分别观测同一个已知点,从而解算处位置点坐标,示意图如图 6-3 所示。

如图 6-2 所示,在已知点 A、B 上架设经纬仪,然后分别观测待测点 P,得到角 A 和角 B,利用公式(6-2) 可以得到 P 点坐标。

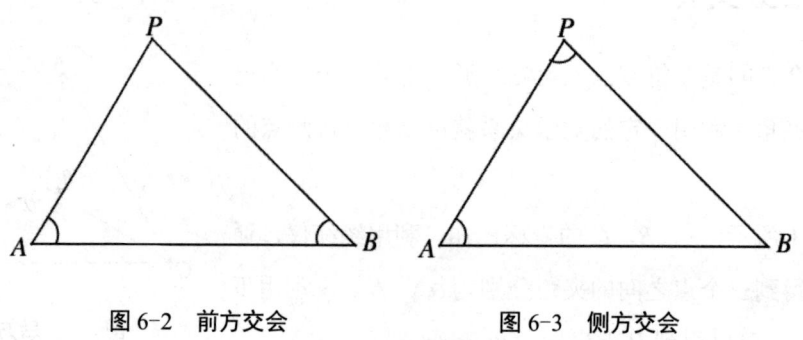

图 6-2　前方交会　　　图 6-3　侧方交会

$$\begin{cases} x_P = \dfrac{x_A \cot B + x_B \cot A + (y_A - y_B)sign}{\cot A + \cot B} \\ y_P = \dfrac{x_A \cot B + x_B \cot A + (x_B - x_A)sign}{\cot A + \cot B} \end{cases} \quad (6\text{-}2)$$

如图 6-3 所示,在已知点 A 和待测点 P 上架设经纬仪,分别观测已知点 B,可以得到角 A 和角 P,利用公式(6-2) 可以进行转换即侧方交会的算法。

(三) 光束平差法

光束平差法是以共线方程作为最基本的约束条件,对于非线性方程可以将其线性化之后按照最小二乘法进行平差计算。这种算法需要提前给定外方位元素和一个初始值,然后进行逐次迭代得到最优解。目前这种方法被广泛应用于多台经纬仪系统的定向,激光跟踪仪的精度评定以及摄影测量中。它的基本思想是将客观元素和模型的点的坐标放在一个系统内考虑,例如在摄影测量中将一定数量的物点以及其在投影平面内的投影点联合起来就是一个"光束",光束平差法就是以这样的"光束"为约束条件,并且结合相关的优化算法进行相关参数的求解。

在摄影测量中,设 M 为摄影中心,其在全局坐标系的坐标为(x_M、y_M、z_M),P 为空间内任一点,在全局坐标系的坐标为(x_p、y_p、z_p),点 m 为点 P 在影像上的构象,其在像平面坐标系和全局坐标系的坐标分别为(x、y、z)和(x_m、y_m、z_m)根据三点共线条件,约束方程可以写成:

$$\frac{x_m}{x_p - x_M} = \frac{y_m}{y_p - y_M} = \frac{z_m}{z_p - z_M} = \kappa \tag{6-3}$$

其中点在平面坐标系和全局坐标系之间的坐标关系可以通过下式(6-4)表示:

$$\begin{bmatrix} x \\ y \\ z \end{bmatrix} = R \begin{bmatrix} x_m \\ y_m \\ z_m \end{bmatrix} = \begin{bmatrix} a_1 & a_2 & a_3 \\ a_4 & a_5 & a_6 \\ a_7 & a_8 & a_9 \end{bmatrix} \begin{bmatrix} x_m \\ y_m \\ z_m \end{bmatrix} \tag{6-4}$$

式中 R 表示两个坐标系之间的旋转矩阵,可以用欧拉角或者四元数等表示。由式(6-3)和式(6-4)可得到共线方程为:

$$\begin{cases} x - x_0 = -z \dfrac{a_1(x - x_M) + b_1(y - y_M) + c_1(z - z_M)}{a_3(x - x_M) + b_3(y - y_M) + c_3(z - z_M)} \\ y - y_0 = -z \dfrac{a_2(x - x_M) + b_2(y - y_M) + c_2(z - z_M)}{a_3(x - x_M) + b_3(y - y_M) + c_3(z - z_M)} \end{cases} \tag{6-5}$$

其中,x_0,y_0,z 分别影像的内方位的元素。

二、局域定位系统的测量原理

本文所提到的局域定位坐标测量系统是基于天津大学测控国家重点实验室研制的 wMPS 进行研究的。它的基本原理是在空间内借助光电子技术生成围绕固定轴旋转的两个带有时间信息的激光平面,可以对空间进行周期性扫描。测量时可以在空间内布置装有光敏元件的接收器,当激光平面扫描过接收器时计时一次,通过选择一个计时起点就可以记录该平面从起始位置扫描至接收器位置的时间。在空间内结合一定的旋转平移关系就可以得到平面在任意角度的位置信息,然后通过在空间内布置多台发射站就可以利用多平面交会法解算出空间任一点的坐标。

(一)系统组成

局域定位系统由发射站、接收器、信号处理器和计算机组成。如图 6-4 所示是单发射站的模型，由底部的基座、顶部的旋转转子组成，基座上附有一圈同步脉冲发射器，转子上安装有两个线性激光发射器。发射站工作时，顶部高速旋转的旋转转子向空间内发出两束与旋转轴成一定角度的扇形激光平面，对测量空间进行高速扫描。发射站的转速在使用之前已经设定好，每分钟可以达到2000转左右，同时对不同的发射站设定不同的转速来进行区分。

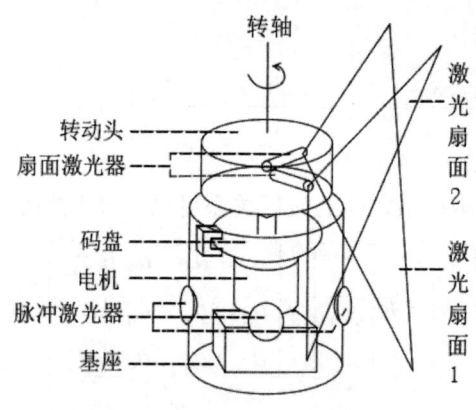

图 6-4 单发射站示意图

图 6-5 是局域定位系统的组成，接收器采用的是 PIN 光电二极管，上面附有一个圆形的感光传感器，具有灵敏度高、感光面积大等特点，同时它也是一个可以将激光信号转换成同步光脉冲信号的光敏元件。信号处理器经过一系列的信号电路可以对接收器转换的光脉冲信号转换成电信号，然后再通过高速差分处理器将电信号进行解算得到角度信号。计算机是可以将平面扫描角转换成空间扫描角的终端处理器，同时实现可视化输出。

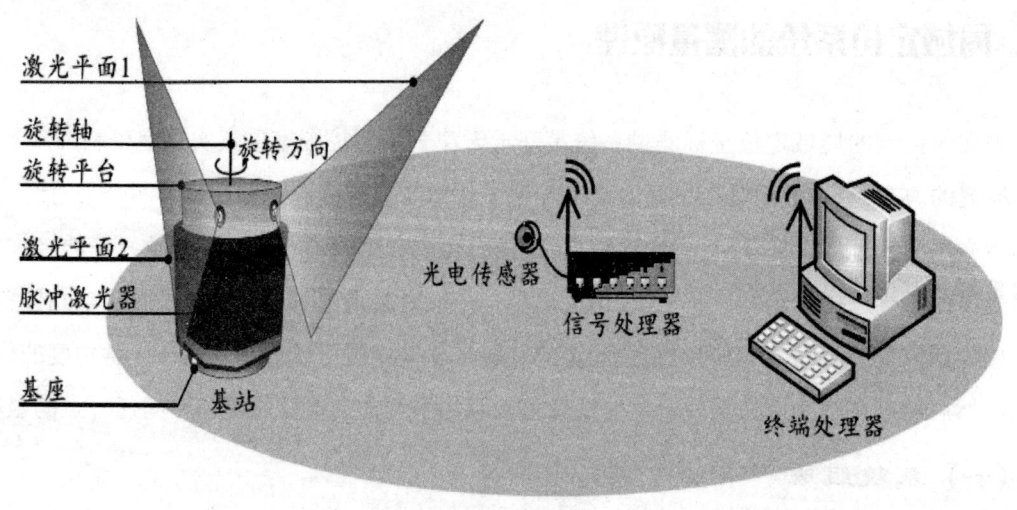

图 6-5 局域定位系统组成

(二) 计时方法

现有的计时方法有很多种，其中最基本的是计数器方法。本文所用的信号处理器是一个装有 FPGA 芯片的 XC6SlX25 的高速计数器，并且将外部晶振时钟作为计数器时钟，它可以对形成的脉冲信号进行计时。当扫描信号经过接收器时，利用一定的锁存器对这个信号进行锁存，其中扫描光脉冲就是锁存器的锁存信号。在发射站旋转过程中，两个光平面周期性的扫过接收器，信号处理器需要分别采集脉冲激光信号和两束扫描激光信号的上升沿和下降沿并分别进行计时，如图 6-6 所示，用 $t1_{p1}$，$t1_{p2}$，$t1_{s11}$，$t1_{s12}$，$t1_{s21}$，$t1_{s22}$，$t2_{p1}$，$t2_{p2}$ 表示。

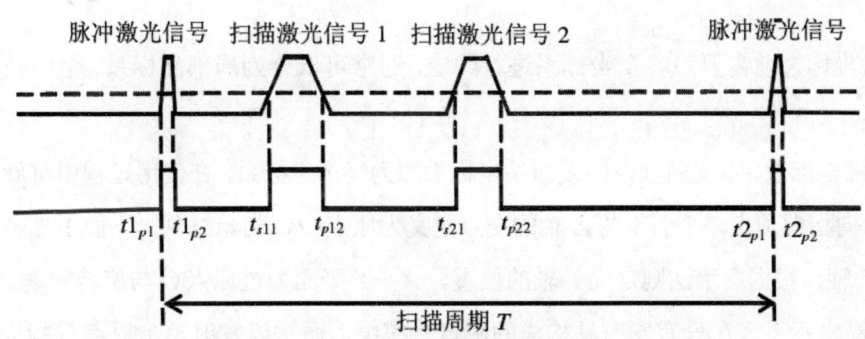

图 6-6 信号处理器计时方法

(三) 角度测量原理

根据信号处理器所记录的时间利用一定的方法可以解算出两个扫描激光平面从初始位置至接收器位置所转过的角度。平面 1 和平面 2 从初始位置转至接收器位置所经过的时间如公式(6-6) 所示：

$$\begin{cases} t_1 = \dfrac{t_{s11} + t_{s12}}{2} - t1_{p1} \\ t_2 = \dfrac{t_{s21} + t_{s22}}{2} - t1_{p1} \end{cases} \tag{6-6}$$

发射站在制造时已经标定好了旋转周期 T，其计算方法如公式(6-7) 所示：

$$T = t2_{p1} - t1_{p1} \tag{6-7}$$

根据公式(6-6) 和公式(6-7) 可以得到两个平面的旋转角度如公式(6-8) 所示：

$$\begin{cases} \theta_1 = \dfrac{t_1}{T} \cdot 2\pi \\ \theta_2 = \dfrac{t_2}{T} \cdot 2\pi \end{cases} \tag{6-8}$$

基于光平面扫描的角度测量模型不同于以往常用的光栅码盘测角原理，它只需要测得两个平面从初始位置转至接收器位置的时间即可得到转过的角度。不同于全站仪和经纬仪需要进行瞄准来测角的方法，它极大地提高了测角的效率。

（四）坐标测量模型

在测量坐标之前需要对各个坐标系进行约定，通常可以分为局部坐标系、全局坐标系以及辅助坐标系。

（1）局部坐标系。本文所涉及的发射站坐标系即为局部坐标系，在使用过程中将旋转轴定义为 Z 轴，方向指向顶点，平面1与 Z 轴的交点定义为原点 O，初始时刻光平面1光轴所在的位置定义为 X 轴，根据右手法则定义 Y 轴的位置。X - Y 平面为过原点 O 与旋转轴垂直的平面。

（2）全局坐标系。在只有发射站构成的测量系统中，通常以发射站1原点 O 指向发射站2原点 O 方向为全局坐标系的 X 轴，然后根据右手法则建立 Y 轴。如果要将局域定位测量系统引入到工程测量领域，通常需要以全站仪坐标系和大地坐标系为全局坐标系。

（3）辅助坐标系是将局部坐标系转到全局坐标系的中间坐标系，它可以根据需要自行设定。

发射站在出厂前需要通过一定的方法对其初始平面参数进行标定。假设对于任一发射站 n，其初始平面参数为（a_{n1}，b_{n1}，c_{n1}，d_{n1}）和（a_{n2}，b_{n2}，c_{n2}，d_{n2}）。根据角度测量原理可知，当发射站从初始位置旋转角度 θ_n 至扫过接收器后，此时平面参数可以从式(6-9)得到，其中 R_{nm} 为两个位置相互转化的旋转矩阵。

$$[a'_{nm}, b'_{nm}, c'_{nm}, d'_{nm}]^T = \begin{bmatrix} R_{nm} & 0 \\ 0 & 1 \end{bmatrix} \cdot [a_{nm}, b_{nm}, c_{nm}, d_{nm}]^T, m=1,2 \tag{6-9}$$

此时，两个平面的单位法矢量可以表示为式(6-10)：

$$\begin{cases} n_m = \left(\dfrac{a'_{nm}}{l}, \dfrac{b'_{nm}}{l}, \dfrac{c'_{nm}}{l}, \dfrac{d'_{nm}}{l} \right) \\ l = \sqrt{(a'_{nm})^2 + (b'_{nm})^2 + (c'_{nm})^2 + (d'_{nm})^2} \end{cases}, m=1,2 \tag{6-10}$$

令发射站至接收器的方向向量为 r，此时 r 可以通过式(6-11) 表示：

$$r = n_1 \times n_2 \tag{6-11}$$

实际制造过程中，平面 2 与转轴的交点与原点 O 的距离是很小的，可以忽略不计。由此可知，接收器在发射站坐标系下的方位角和俯仰角由式(6-12) 所示：

$$\begin{cases} \alpha = \arctan(\dfrac{r_y}{r_x}) \\ \beta = \arctan(\dfrac{r_z}{\sqrt{r_x^2 + r_y^2}}) \end{cases} \tag{6-12}$$

使用基于光面扫描的坐标测量系统测量坐标之前需要对各发射站进行标定，即需要知道各辅助坐标系相对全局坐标系的旋转矩阵和平移矩阵。假设发射站 n 相对全局坐标系的旋转矩阵为 R_{TXGn}，平移矩阵为 T_{TXGn}，当激光平面扫过接收器时，发射器至接收器的方向向量可以表示为式(6-13)：

$$r_n = \begin{bmatrix} r_{nx} \\ r_{ny} \\ r_{nz} \end{bmatrix} = R_{\text{TXGn}} \cdot \begin{bmatrix} r_x \\ r_y \\ r_z \end{bmatrix} = R_{\text{TXGn}} \cdot \begin{bmatrix} \cos\alpha\cos\beta \\ \sin\alpha\cos\beta \\ \sin\beta \end{bmatrix} \tag{6-13}$$

假设发射站 n 的平移矩阵为 $T_{\text{TXGn}} = [x_n, y_n, z_n]^T$，空间任意位置 k 处的接收器坐标为 (x_k, y_k, z_k)，则利用共线约束条件可得到式(6-14) 所示方程组：

$$\begin{cases} \dfrac{x_k - x_1}{r_{1x}} = \dfrac{y_k - y_1}{r_{1y}} = \dfrac{z_k - z_1}{r_{1z}} \\ \dfrac{x_k - x_2}{r_{2x}} = \dfrac{y_k - y_2}{r_{2y}} = \dfrac{z_k - z_2}{r_{2z}} \\ \dfrac{x_k - x_n}{r_{nx}} = \dfrac{y_k - y_n}{r_{ny}} = \dfrac{z_k - z_n}{r_{nz}} \end{cases} \tag{6-14}$$

利用最小二乘法对该方程组进行求解，即可以得到接收器处的坐标值。

上面是利用共线约束的条件对接收器的坐标进行求解。根据测量坐标系到全局坐标系的旋转平移关系，可以利用共面约束的条件进行求解。

根据式(6-9)，当发射站 n 的激光平面 m 扫描过接收器时各平面的参数可以通过式(6-15) 得到：

$$[a''_{nm}, b''_{nm}, c''_{nm}, d''_{nm}]^T = \begin{bmatrix} R_{\text{TXGn}} & T_{\text{TXGn}} \\ 0 & 1 \end{bmatrix}^{-1} \cdot [a'_{nm}, b'_{nm}, c'_{nm}, d'_{nm}]^T \quad (6-15)$$

此时，发射站 n 在全局坐标系下的光平面方程可以表述为式(6-16)：

$$\begin{cases} a''_{n1}x_k + b''_{n1}x_k + c''_{n1}x_k + d''_{n1} = 0 \\ a''_{n2}x_k + b''_{n2}x_k + c''_{n2}x_k + d''_{n2} = 0 \end{cases}, n = 1, 2, \cdots \quad (6-16)$$

每一个发射站可以提供这样的一组方程，根据后方多角度交会法，通过联立多组方程，利用最小二乘法进行平差运算，即可解算出接收器处的坐标。

（五）系统定向方法

无论是小范围的工业测量场还是大尺寸的工程测量场，甚至是大地测量场中，在使用局域定位系统进行测量之前都需要对其系统定向，也即对系统的外参和内参进行标定。通常系统的内参在仪器出厂时已经标定好，不需要再进行现场标定。外参的标定即要明确发射站坐标系在全局坐标系中的位置以及状态，这样才能在全局坐标系下计算各接收器的坐标。

在现有的标定方法中，通常是借助空间内控制点的坐标或者不同控制点之间的距离进行约束，对测量坐标系的旋转和平移参数进行解算。控制点的坐标可以借助一些辅助仪器进行测量，比如全站仪和激光跟踪仪等，同时可以将两控制点的已知距离作为约束，进行优化。这种借助于辅助仪器的控制点进行坐标测量的方法虽然效率相对比较低，但是可以达到很高的精度，所以具有很高的利用价值。

基于距离约束的系统定向方法，通常只适用于范围比较小的工业测量场，当测量范围逐渐扩大时，小尺寸的距离已经不足以用来进行约束，为了简便运算，基于控制点坐标的系统定向方法已经可以很好地满足测量精度的要求。

第二节 局域定位系统应用于工程测量场的问题探究

局域定位系统应用于工程测量场虽然在理论上是成立的，但是还有一些实际问题需要解决，比如发射站扫描激光和同步激光的量程问题、角度交会在大尺寸的工程测量场的精度问题以及发射站整平对解算结果的影响。针对这些问题，本节从理论方面进行相应的分析。

一、激光射程的改变对系统硬件的影响

现有的局域定位系统的发射站射程由于激光光源的限制，最远可以达到 30 米，如果想把该系统引入大地测量领域，首先需要改变的就是激光光源。如图 6-7 所示，现有的发射站是将激光发射器安装在旋转平台上，在转轴旋转的过程中，激光发射器也随着转台转动，这样对空间一周都可以进行扫描。如果要增大激光的射程必须要提高激光发射器的功率，发射器的重量也就相应地增加了，这也就导致了发射站的体积变大，同时仪器安装误差以及轴系误差也会成倍地增加，所以在增大激光发射器功率之后，这种将发射器安装在转盘上的方法就不适用了。

借鉴激光雷达旋转多面镜在空间内生成均匀扫描的激光方法，将激光发射器固定在下面基座上，通过在旋转平台上设置一个多面棱镜同时在棱镜的前方设置一个柱面镜，如图 6-7 所示。这种方法需要激光发射器的光轴与转台的转轴重合，对仪器的组装要求比较高。激光发射器所触发的激光通过多面棱镜以及柱面镜的折射产生一束与转轴垂直的激光平面。采用这种构造方法可以对 360°空间进行全方位扫描。同时通过加快电机的旋转频率再加快激光平面的扫描频率，具有扫描速度快且稳定的特点，其在激光雷达方面已经得到推广应用。但是这种系统对仪器的组装要求比较高，要求尽量减小轴系误差产生的影响，同时两个齿轮之间需要经常添加润滑剂来保证系统的稳定性和精度。

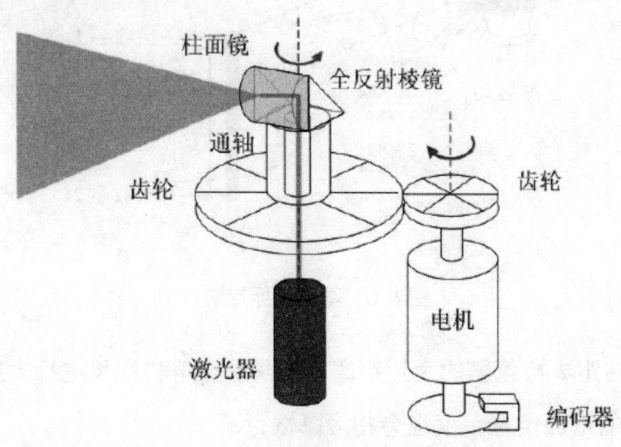

图 6-7　激光发射器在基座上的布局方式

除了扫描激光平面影响量程，同步激光信号在空气中也会衰减，其中衰减量与距离的平方成反比，所以也需要相应的提高同步激光信号的功率来扩大量程。

二、测区范围与系统自定位精度的关系

无论是基于基准尺的标定方法还是控制点坐标的标定方法,在后期的解算过程中都需要采用非线性最小二乘的方法进行,而这种方法对于迭代初值的要求比较高。现有的局域定位系统的测角精度可以达到 $2''$,也即当测距达到 1 千米时距离测量误差可以达到 1 厘米,所以误差相对来说也比较大。如图 6-8 所示,由公式(6-12) 可以得到接收器在发射站坐标系的水平角 α 和垂直角 β。在利用基准尺进行标定时,迭代初值包括旋转矩阵和平移矩阵初值以及基准尺两端的接收器在发射站坐标系内的坐标初值,其中旋转平移初值可以利用刚度运动学中的刚度转换法求得,基准尺两端接收器的坐标根据尺长以及水平垂直角进行大致反算,如公式(6-17) 和(6-18) 所示:

$$l \approx \frac{L}{\tan\beta_1 - \tan\beta_2} \tag{6-17}$$

$$(x_{k0}, y_{k0}, z_{k0}) = (l\cos\alpha_k, l\sin\alpha_k, l\tan\alpha_k), k=1,2 \tag{6-18}$$

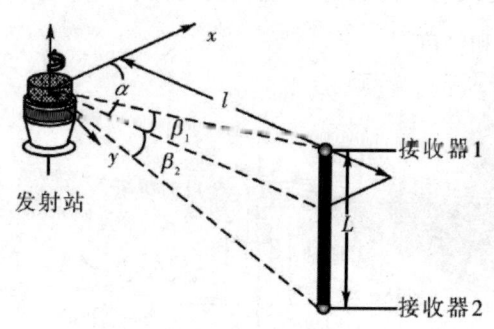

图 6-8 基准尺标定法

其中 l 表示发射站距离接收器的大致距离,根据垂直角和杆长进行大致解算。因为测角精度的影响,随着距离的增加定位精度也会相应降低。

在借助全站仪辅助仪器进行标定时,迭代初值主要受到全站仪的测距精度的影响。目前光学全站仪的测距精度可以达到 1 毫米 $\pm 1.0 \times 10^{-6}$,也即一公里的距离有 2.0 毫米的误差,相对来说这个误差在工程测量领域是可以接受的。

三、系统整平对坐标解算方法的影响

在工程测量场中,由于现场的地形环境比较特殊所以在使用发射站之前都需要进行精确整平。现有的发射站系统使用的时候只需要大致整平即可,而不需要进行精确整平。假设发射站坐标系相对于全局坐标系的方向余弦为($\cos\alpha_x, \cos\alpha_y, \cos\alpha_z$),其中$\alpha_x$、$\alpha_y$、$\alpha_z$为转轴相对于全局坐标系的方向角。如果发射站精确整平,那么方向余弦可以简化为(0, 0, 1)。此时,测量坐标系相对于全局坐标系只存在$x-y$平面围绕z轴的旋转,这样在很大程度上简化了解算的过程,提高了系统定向的效率。

第三节 局域定位系统应用的前景展望

随着科技的发展,工程测量领域对定位精度和定位效率的要求越来越高。传统的测量仪器比如 GPS、全站仪、激光测距仪等在精度和效率上已经不能满足实际的需求,迫切需要探索新的仪器和方法,而工业测量领域的仪器和方法具有测量效率高而且定位精度高的特点。随着工业测量场范围的越来越大,使得这两个领域融合起来变为可能。

将工业测量仪器引入工程测量领域是一个漫长的探索过程,首先需要解决的就是仪器使用之前的标定问题。本书借助天津大学测控国家重点实验室研制的 wMPS 系统,在对该系统的原理和研究现状全面分析的基础上,考虑到基准尺标定法已不再适合于工程测量场,提出了基于控制点坐标的标定方法。在研究定向理论的基础上,推导出仪器整平前后的目标函数,通过实验和数值模拟,具体得到了以下几点结论:

(1) 将局域定位系统(RPS) 从工业测量领域引入测绘学科的工程测量领域,针对大范围的工程测量场,提出了一种基于控制点坐标约束的新的系统自定位方法。考虑到系统自定位的旋转矩阵具有正交矩阵的特性,以各控制点与激光扇面的距离的最小平方和为条件,构建带有约束的目标函数,采用非线性最小二乘法中的 1-M 算法解算系统自定位参数。以双发射站为例,分别利用 6、8、10、12 个控制点进行系统自定位,通过现场试验,证明此方法是可行的,其自定位参数的解算模型是正确有效的。

(2) 目前,由于局域定位系统(RPS) 主要用于室内工业测量,其激光射程较短,本书所做的系统自定位试验是在几十米的室外小范围内完成,验证点的定位精度均在 1.78 毫米以内,可以认为其误差来源主要是用于测设控制点和验证点的全站仪的测距误差。

(3) 将局域定位系统与全站仪结合起来的系统自定位方法误差来源包括系统误差、偶然误差和随机误差。系统误差主要有全站仪的测距和测角误差、发射站的测角误差以及接收器的噪声误差等，对于系统误差可以通过相应的技术手段进行补偿；偶然误差包括同步激光脉冲误差和计时时钟的误差，这部分误差增大激光发射器的频率来减小；随机误差主要包括全站仪测量过程中的人为误差以及发射站的轴系跳动误差等，这部分误差可以通过多次测量求取平均值来减小。除此之外，根据不同发射站布局情况下误差的空间分布规律，在实际应用过程中合理地选择误差比较小的点位或者区域来进行分析。

(4) 在理论上分析了发射站经过精确整平之后的局域定位系统的标定方法，从根本上简化了旋转矩阵，并推导出相应的目标函数和迭代初值求解的方法。以双站系统为例，通过在空间内均匀布置 4 组数据进行数值模拟，从结果可以看出，平面内控制点的定位精度与该点离两站连线的距离有关，随着距离的增加误差呈现先减小后增大的趋势，其中在两站交会角 90°附近的误差较小。同时，在距离一定时，越靠近两发射站中线位置误差越小，与中线偏差越大，误差也越大；在高程方向上，随着高程的增加误差越小。通过数值模拟进一步验证了双站系统经过精确整平之后的误差分布规律。

(5) 局域定位系统(RPS) 是一种类似于 GPS 的实时动态并行测量系统，其实质是基于角度交会原理，当角度交会精度达到±1"时，在一定的范围内(例如 1 千米以内)，尤其是室内或卫星信号被遮挡的地区，局域定位系统(RPS) 不仅可以替代 GPS，而且其实时动态的定位精度更优于 GPS-RTK 厘米级的精度，适合应用于测绘学科的多目标实时动态精密工程测量和变形观测。

随着科技的进步，工程测量领域的测量方法和仪器也不断地发展与完善，测量方法逐渐向工业测量领域中的高精度和高效率方向靠近。本节对局域定位系统(RPS) 在工程测量领域的系统自定位方法进行了研究，通过实验分析了小范围测量场的定位精度，并且在理论上分析了系统经过精确整平之后的自定位方法。但鉴于作者水平和时间的限制，同时实验仪器还有许多亟待解决的技术问题，所以还有很多问题需要做进一步的研究：

(1) 目前，局域定位系统中由于发射站激光光源射程的限制，在技术上还不能实现大尺寸的工程测量，需要改变激光光源。其中，最有效的解决方法就是提高激光发射器的功率，但是功率的提升也必然带来重量的变化，现有的在转盘上安装激光发射器的方法已经不太适用，需要寻找一种新的激光发射器的布局方式。

(2) 受到仪器技术上的限制，本文只是从理论上分析了系统经过精确整平之后系统自定位方法以及数值模拟方法，还未从实验方面进行验证，接下来需要着重在发射站的精确整平方面进行探讨。同时，考虑到系统经过精确整平之后可能会带来一定的偏差，所以需要对整平之后的目标函数以及迭代初值进行修改，在技术上对该偏差进行补偿。

(3) 考虑到激光在空气中损耗比较严重，仅仅从改变激光射程方面来实现局域定位系统向工程测量场的引入还不太现实。对于大尺寸的工程测量场可以通过多站转换测量来进行，其中需要进一步探讨发射站的布局方式、数量以及转站带来的误差。

第七章 工程测量新技术应用探索

第一节 工程测量对于施工质量管理的重要性

工程测量作为当前施工质量管理的重要组成部分,其主要体现在工程测量能够保证工程地基建设稳定性、构建强有力的安全防护措施,以此从工程根基建设层面上和保证工程正常施工建设发挥重要的促进作用。而且,当前工程测量工作的进行也是施工质量建设和管控工作的关键环节,在这一环节中工程测量不断强化测量工作人员之间的协调合作,强化对新技术、新设备的应用,以此整体上提升工程测量质量,在工程测量数据信息精确提供的基础上,为工程质量管控措施的提出发挥有效的促进作用。

一、工程测量对于施工质量管理重要性分析

(一) 形成科学化施工方案,提升施工质量

工程测量是工程施工人员在基于工程建设目标和建设需求的基础上,有目的的深入到工程建设所在地区,对工程建设的地质地理条件和周围自然地理环境进行详细的、全面的考察分析。在对地质地理条件分析基础上,通过岩土工程勘测工作的进行,再对土质条件、地质结构等方面有一定了解基础上,工程施工人员在以上数据信息收集基础上,可以恰当选择地基建设的结构和基坑开挖的深度,对于工程建设朝向和主体结构等方面起着重要的参考依据作用。总体上而言,工程测量对于形成系统化的施工方案、施工规划起着重要的支撑作用。

(二) 全面认识施工风险,做好质量建设防范工作

当前工程施工建设中,工程测量工作进行最为重要的工作则是对工程建设所在地区存在的自然地理风险,如滑坡、泥石流、塌陷等问题进行详细的勘测分析,并且针对地质条件进行全面数据信息收集,以此有效分析,从中发现可能潜存的施工风险和安全隐患,促进工程质量管控单位积极构建健全的施工风险防范措施,保证工程顺利建设,提高工程建设质量。

(三) 为施工质量管理提供技术支撑

工程测量工作的进行，在明确工程基础建设现状、施工风险的基础上，进一步提升工程质量管控人员选择施工技术、施工工艺、施工设备操作方式的准确性，保证所选择的技术工艺能够适应工程实际施工建设，为施工质量管理提供技术支撑，促使工程质量高效建设。

二、基于重要性分析优化工程测量的措施

(一) 组建专业的工程测量队伍

基于工程测量对施工质量管理重要性分析基础上，必须保证工程测量具有高效性和精确性，工程测量获得的数据、信息切实能够为工程质量管理提供强有力的支撑，发挥有效的借鉴作用。首先，工程测量作为一项专业化的、系统化的操作工作，在实际进行的过程中，必须从根本上建设稳定的、专业的、协调能力高的施工人员队伍。一方面，保证施工人员队伍对于工程测量现代化理论知识体系的完善构建和有效使用，积极学习现代化测量思想，构建"以技术为核心、以测量质量为第一"的测量原则，在严格遵循原则和测量规范基础上，保证工程测量工作顺利进行；另一方面，强化测量工作人员之间相互协调合作，基于现实而言，高效的工程测量工作的进行势必需要各个测量人员之间的协调合作，只有参与各部分测量的工作人员团结合作，技术上相互协调、工作上相互辅助，才能够提升工程测量效率。

(二) 构建测量队伍与质量管理队伍之间的沟通

工程测量作为当前施工质量管理的重要基础工作，在实际进行的过程中，为了保证工程测量结果切实为质量管理所运用，发挥工程测量实施价值，必须积极加强测量与质量管理队伍之间的沟通协调，在与质量管理队伍有效沟通基础上，为工程测量目标制定、规定形成、测量技术和设备应用等方面发挥有效的指导作用。此外，积极强化信息化技术在测量队伍与质量管理队伍之间交流的应用，通过在线网络平台的构建，提升交流的速度和便利性。

(三) 健全工程测量技术和效果管理体系

工程测量效果的精确性实现和效率的高效实现必须依靠科学的工程测量技术和效果管理体系，通过运用制度的权威性和规范性，保证工程测量技术应用合理、测量过程科学、测量结果精确。工程测量技术和效果管理体系，需要从规范工程测量技术操作应用程序、操作规范、操作标准、新技术和新设备引进，使用模拟操作和学习管理工作进行以及工程测量奖惩制度的

建设等方面协调进行，明确岗位责任制度，做好测量人员合理施工分配，保证工程测量效率和质量高效实现。

（四）强化监督管理在工程测量中的应用

工程测量工作是一项需要深入实地同时借助使用3S技术、摄影测量技术共同进行的工作。在此过程中，工程测量工作是复杂的，针对各个阶段工程测量工作对测量结果的影响作用，必须切实强化工程测量每个环节、每个层面以及每个技术应用的监督管理，通过严密的监督管理体系的深入落实，在根据相关制度、标准管理基础上，对工程测量的技术、方式、方法进行衡量评估，检测技术运用是否科学、人员操作是否标准、测量基础建设是否合理，以此发现问题，督促改正，保证工程测量质量高效获得，避免测量管理不严格，导致工程测量效率低下。一旦发生此种现象不仅不能够为施工质量管理提供借鉴管理作用，而且造成经济成本投入的浪费，整体上是非常不利的。

综上所述，工程测量对于施工质量管理的重要性主要体现在促进工程施工方案、规划形成、促使施工安全管理防护措施建设、为质量管理提供强有力的技术支撑，以此在实际进行工程测量管理中能够从构建专业的工程测量队伍、在测量队伍与质量队伍之间构建沟通平台、健全工程测量技术和管理体系以及强化监督管理在工程测量中的应用，以此整体上提升工程测量精确度，切实为施工质量管理发挥有效的促进作用。

第二节　测量过程中精度的影响因素及控制研究

工程测量主要是指对建筑工程施工范围之内进行一些地理信息的测量工作，得出相应的数据信息作为后期施工建设的一个重要依据，其中包括施工地理位置以及空间大小等，这些数据信息测量的精度如果达不到设计的标准，将会对后期的施工造成非常严重的影响。随着我国社会发展的速度不断加快，很多建筑工程的规模也逐渐增大，所以工程测量的精度也就在工程建设中起到了越来越重要的作用。从客观的角度上来说，工程测量属于基础工程，其主要包括设计阶段、施工阶段、经营管理阶段等三个不同阶段的测量工作，每一个阶段的测量精度都应该满足相关设计规定和要求，只有这样才能够更好地保证整个工程建设的施工质量。由此可见，控制好测量工程精度显得尤为重要。

一、影响因素

(一) 测量技术人员

就目前而言，我国很多工程施工企业中的测量人员都存在着专业水平较低的问题，因为测量人员的专业素养将会直接影响到测量工作的精度，但是很多施工企业对测量工作的重视程度普遍较低，所以很容易出现测量技术人员的专业素质达不到专业的标准，从而影响测量工作的质量。具体来说就是测量技术人员的理论知识和操作技能有所欠缺，在实际工程测量过程中就会出现操作不当、技术不规范等问题，从而对工程测量结果产生较大的影响，其精度也无法保证，出现这种情况的原因很多是因为工程测量人员的聘用都是一些刚毕业的学生，这些学生在学校里所学习的一些测量相关的专业知识在实际操作中是远远不够的，所以他们在进行工程测量时，往往会将一些问题忽略，这也就会使得工程测量精度出现偏颇，达不到设计的标准。除此之外，因为施工企业对工程测量工作不够重视，工资待遇较低，同时测量工作的环境相对来说也比较恶劣，这些消极因素综合起来也会造成很多优秀的工程测量技术人员的流失。

(二) 测量相关仪器

测量工作不仅需要有优秀的测量技术人员，同时还需要有精密的仪器作为辅助，所以测量仪器也是影响测量工作精度的一个非常重要的因素。随着我国科学技术的飞速发展，很多建筑工程所使用的测量仪器的相关性能都有着很大的提高，但是很多建筑施工企业为了能够在最大程度上降低企业的工程造价成本，从而选择了一些相对来说较为落后的测量仪器，当然也不排除有一些建筑工程所处施工环境太过复杂，很多大型测量仪器无法进行正常使用，这些情况都会对测量工作的精度造成很大的负面影响。比如在高程测量中按所使用的仪器和施测方法的不同，可以分为水准测量、三角高程测量、GPS 高程测量和气压高程测量。水准测量是目前精度最高的一种高程测量方法，它广泛应用于国家高程控制测量、工程勘测和施工测量中。水准测量的原理是利用水准仪提供的水平视线，读取竖立于两个点上的水准尺上的读数，来测定两点间的高差，再根据已知点高程计算待定点高程。水准仪是精密的光学仪器，每个微调都要轻轻转动，不能用力过大，在建筑施工测量中用的 DS3 水准仪精度能达到大部分工程的需求。

除此之外，测量仪器还需要相关工作人员对其进行定期的检测和维修，但是在实际应用中，很多工程测量技术人员往往会为了减少自身的工作量，减少对测量仪器检修的次数或者根本未

进行保养检查工作，这就会对测量工作的精度造成一定的影响。

（三）测量设计方案

除了测量技术人员的专业素养以及测量过程中所使用的一些仪器之外，还有一个影响工程测量精度的重要因素就是工程测量的设计方案，测量方案的设计需要根据实际施工的情况，对其进行科学合理的规划，只有这样才能够在最大程度上保证工程测量的精度，但是在实际测量过程中，很多建筑施工企业都存在着一些测量标准比较混乱、测量对象不够明确、设计方案规划不够合理等情况，这些情况都会对工程测量的精度造成严重的影响，所以这个问题也非常值得我们高度重视。

二、控制方法

（一）提高技术人员专业水平

针对前面我们所提到的测量技术人员的专业性达不到标准从而影响工程测量的精度等问题，我们可以从提高技术人员的专业水平作为切入点，但是考虑到实际情况，不可能在短时间内将所有的工程测量技术人员都换成具有丰富经验和深厚理论知识的测量人员，但是至少可以保证在每一个工程中都有少数的专业测量人员，然后我们可以采取"师傅带徒弟"的教学模式去有效地提高工程中一些测量技术较弱的测量人员的专业水平，这种做法最大的优势在于它不仅可以有效地保证工程测量的最终结果的精度符合相关的设计规定，同时还能够在很大程度上提高一些测量技术专业性较弱的人员的专业水平。

除此之外，建筑施工企业还应该加强对测量人员定期的专业培训，将最新的专业理论知识和技术实践相结合，最大程度上提高测量技术人员的专业水平，实现测量工作精度的提高。在这里还需要重点强调的一点是，施工企业可以采取一些激励措施，并且把测量人员的薪资待遇调整到一个比较合适的范围，这样可以大大减少专业测量人员的流失，从而更加有效地保证工程测量的精度。

（二）加强对仪器的管理

对测量仪器的科学管理也是非常重要的一个环节，我们可以从以下几个方面来进行：

(1) 在使用前和使用后都需要对仪器进行精准的调试，这样可以有效地提高测量仪器的使用性能，使其处于一种良好的工作状态，这样可以在最大程度上保证施工企业的测量精度。

(2) 在测量人员进行测量之前，对于一些新引进的先进设备，一定要先对测量仪器使用说明书进行仔细地研究，这样可以有效地避免在测量过程中出现一些由于操作不当而产生的精度下降的问题。

(3) 定期对一些测量仪器的进行检测和维修，发现故障及时地进行处理，避免使用一些故障仪器进行测量，这样可以在很大程度上提高工程测量的精度。

(三) 设计科学的测量方案

测量方案的设计也需要注意很多问题，具体来说可以从以下几个方面入手：

(1) 准备工作。凡事预则立，不预则废，由此可见做任何事情都需要将准备工作做好，工程测量的准备工作主要包括根据实际情况明确测量的主体对象，制定相应的测量计划，并且对测量精度有一定的预估。

(2) 细化测量步骤。测量人员需要严格按照施工图设计以及施工进度要求等内容进行工程测量工作，为了保证工程测量的精度符合设计标准，需要将整个测量任务进行细化，以便后续对测量结果进行精度的审核。

工程测量的精度对整个工程建设的质量有着非常重要的影响，建筑施工企业可以从提高测量人员的专业水平、加强测量仪器的管理工作以及设计科学的测量方案等几个方面入手，这样可以有效地提高工程测量的精度，从而保证工程质量。

第三节 GPS-RTK 在工程测量中的应用及其技术特点研究

GPS-RTK 技术是基于 GPS 技术发展而来，在实际应用过程中能够快速获取测量领域的定位数据，仅仅只需要利用载波相位动态实时差分方式，便能够实现厘米级精度。一般来说，GPS 包括静态与动态，对于精度具有较高的要求，在工程放样、控制测量以及地形测图中具有较好的应用效果。

一、GPS-RTK 技术概述与特点

GPS-RTK 测量系统主要构成要素包括 GPS 接收设备、软件系统以及数据传输设备组成，主要是以载波相位观测量作为根据的实时差分 GPS 测量技术，其有效地结合了数据传输技

术与 GPS 测量技术，是 GPS 测量技术的重要里程碑。GPS 接收机在用户站上接收 GPS 卫星信号的过程中，还会利用无线电接收设备对基准站传输的观测数据进行接收，然后通过相对定位原理对整周模糊度的未知数进行实时解算，并且对显示用户站的三维坐标与精度进行详细计算。

通过对定位结果的实时计算，便能够对用户站与基准站观测成果质量与解算结果收敛情况进行实时监测，从而也能对解算结果是否成功进行判断，最终能够显著地减少冗余观测量，同时也能在一定程度上缩短观测的时间。GPS-RTK 技术特点如下：

(1) 高精度。RTK 技术在半径内作业时，能够实现高程精度与平面精度的厘米级。

(2) 工作效率高。利用 GPS-RTK 技术在对范围较大地区进行测量时仍然能够得到较高精度，因而能够显著地减少控制点数量与测量仪器的设站数量，并且在实际操作的过程中仅仅只需要一人便能够实现移动站功能，具有较高的作业效率，从而降低劳动强度。

(3) 操作简单。现阶段在大部分的测量仪器中均带有中文菜单，因而在实际测量中仅需要进行简单的设置。并且 GPS-RTK 技术在实际应用具有较强的储存、输入、输出、处理及转换能力，因而能够对测量仪器等相关工具进行有效应用。

(4) 全天候作业。GPS-RTK 技术在实际测量过程不会受到地理位置、通信状况以及气候条件等多种因素的影响。能够对测量工作进行简化，同时也能够显著地提升测量精准度。

(5) 高度自动化。GPS-RTK 测量技术具有较强的数据处理能力，同时也具有较高的自动化与集成化程度，因而能够在一定程度上节省人力资源。

二、工程测量中 GPS-RTK 技术的应用

（一）线路勘测

线路勘测方法会直接影响到勘测结果，因而这就要求在线路勘测的过程中必须选择合理的勘测方法，且充分利用原路基。在线路勘测中，利用 GPS-RTK 技术的过程中可以选择车载流动站，然后将已知点作为参考站，沿着原路中线采集相关数据。作业人员在地形图上完成定位后便可以采用电子账簿计量，确保中桩点坐标数据与计量数据的准确性，根据 GPS-RTK 系统进行放点定位，将误差控制在合理范围内。

（二）地形测量

若测量区没有建筑物的阻挡，并且视野较为开阔，采用 GPS-RTK 技术进行测量的过程中

仅仅只需要设置基准控制点便能够对碎部地形进行很好的测量。并且，GPS-RTK 技术与传统测量技术相比，其在夜间测量具有较大的优势。若测量区域附近具有比较密集的建筑物，便会在一定程度上阻碍全球导航定位系统，导致盲区的形成，从而便会需要耗费较长的数据初始化时间，极其容易导致测量失误，最终影响测量的精度与速度。而 GPS-RTK 技术在实际测量中的应用能够加入更多的图根导线点，结合全站仪与经纬仪后便能够提高测量精度，提高工作效率。传统测量方式对通视要求较高，且需要几个人的同时操作才能完成，但 GPS-RTK 技术在工程测量中的应用，即便测站与测点之间不存在通视也能进行测量。也就是说，只需要一个测量人员将仪器带到测点，然后在此过程中输入当地地物属性与特征编码，再配合电子手簿，测图软件便能够自动地生成与测区相关的地形图。

（三）地籍与房产测量

地籍测量的目的在于得到与表述地籍管理信息，房产测量的主要目的则是对房屋及房屋用地信息进行收集与表述。

传统测量方式测区和测点之间的通视具有较高的要求，并且对通视距离进行严格规定，这种方式不仅会耗费大量的人力与时间，也得不到理想的测量精度与效率。而 GPS-RTK 技术的应用不需要考虑到测量天气与通视的限制便能够获得更加精准的信息，因此显著地提高了数据的真实性与测量效率。

综上所述，GPS-RTK 技术在工程测量中的应用能够在很大程度上提高测量定位的准确性，同时也显著地提高了测量工作的效率。GPS-RTK 技术在实际操作中需要结合实时差分处理计数、实时动态测量技术及载波相位测量等，从而进一步提高测量精度，以便更好地满足工程测量的相关需求。

第四节　数字化测绘技术在工程测量中的应用研究

近几年，我国工程测绘的技术水平不断提高，这对我国城市地下管线信息化工程测量的发展具有重要作用，并使得城市地下管线信息化工程的测量结果更加精确。目前，数字化测绘技术的广泛应用，有效提高了城市地下管线信息化工程的测量效率及测量水平。

一、数字化测绘技术应用的重要意义

在过去传统的城市地下管线信息化工程测量中，主要的测量内容有许多。当前，随着计算机信息化网络技术的发展及智能化测量仪器的广泛应用，数字化测绘技术也受到了较为广泛的应用，如 GPS 导航定位系统、摄影测量仪、地里信息技术以及 RS 遥感技术等。近几年，数字化测绘技术的发展及问题的处理形式逐渐具有自动化、数字化与实时化的特点，致使数字化测绘技术正向一个服务领域更大的方向延伸，从而满足现在城市地下管线信息化工程测量的发展需求。数字化测绘技术与传统的测绘技术相比，是机器助图与全解方式的一种进步，具有明显的发展优势，既有利于增加城市地下管线信息化工程测量的精确度，又有利于充分体现当下仪器发展与仪器精确度的提高，并为城市地下管线信息化工程测量提供了数字化信息。

二、数字化测绘技术的应用要点

（一）内外业一体化的测图特点

数字化测绘技术主要是针对测绘量较大、测绘精确度要求较高或是测绘信息数据烦琐多样的工程测绘工作，有利于确保工程测量过程中测量数据的清晰度以及提升工程测量的工作效率。数字化测绘技术主要分为两种类型，一种是电子平板，另一种是内外一体化。内外一体化是数字化电子软件的核心技术，可应用在城市地下管线信息化工程测量工作中，其测量效率、图形处理的精确度及测量数据收集的完整性都比较高，在测量程序与工作压力等其他方面的工作效率优势更为明显。在城市地下管线信息化工程测量中，通过全站仪与电子手簿进行地形测绘工作，有利于提高工程测量人员的工作质量。

（二）图形的编辑与处理工作

不管是哪种类型的测绘工作，都需要确保测量的误差范围尽可能缩小。为此，城市地下管线信息化工程的测量应选择较为合适的测绘工具，便于测绘人员对采集到的图形进行编辑处理，有利于确保工程测绘的精确度。城市地下管线信息化工程测量中的图片编辑处理，一般需要全站仪与计算机的相互连接。先完成预处理测量数据，然后在测量数据自动处理的过程中将测量数据进行进一步分割处理，最后方可形成直观性较强的平面图形。平面基本图形形成以后，工程测量工作人员要通过数字化测绘技术依据城市地下管线分布的实际情况进行图片地再编辑，对未能符合规格的部分平面图形进行整改，整改合格后才能形成测绘软件技术的数字化高程模型。

三、现阶段数字化测绘技术在工程测量中的应用

(一) 数字化测绘技术在工程测量中的应用范围

在处理各类测绘技术的过程中，需要对城市地下管线信息化工程原有的分布图进行数字化整改，使城市地下管线信息化工程的布局图更符合工程测量行业的要求。目前有三种数字化测绘输入法，分别是扫描矢量化测量、手扶跟踪数字化测量以及 CPS 数据化测量。扫描矢量化测量是借助扫描已有的图像，而后根据矢量的导航跟踪将实体物最终的空间位置进行定位。扫描矢量化测量的准确度虽没有 GPS 数据化测量的准确度高，但因其使用较为省事便利，所以被诸多工程测量人员广泛应用。手扶跟踪数字化测量相对较为传统，测量速度慢且劳动力强度较大。GPS 数据化测量可以通过对地球表面图形位置的精确定位，将测量信息直接传入信息化数据库中。

(二) 地面数字化测绘技术

地面数字化测绘技术，是指在工程测图未能符合地区大比例尺地图的测绘要求时，工程测量的相关负责人可以直接运用地面数字测图法进行地区大比例尺地图的测绘。地面数字测图法又称作是内外业一体化数字测图法，是我国当前各工程测绘单位应用最频繁的数字化测图法。应用地面数字测图法所获得的数字化地图具有高精度的特点，如若运用一定的数字化测绘技术，便能够将重要地物相对于邻近地物的控制点精度控制在 5 厘米范围内。地面数字化测绘技术可以仅对被测物体测量一次，便可对不同比例大小的地形图进行编制，既满足了不同专业工程人员对地形图的不同需求，又有效避免了工程测量人员的重复性工作操作。地面数字化测绘技术可以完成地形图三点坐标的自动采集、储存及处理等工作，有利于降低因工程测量人员的人工操作而产生的测量误差，并减少了工程测量人力、物力以及财力的损耗。

(三) 原图数字化测绘技术

原图数字化测绘技术，是指当某个地区需要运用数字化地形图时，遭遇经费有限或是时间限制等因素限制时，应用原图数字化测图法最为合适。原图数字化测图法能够合理利用现有的城市地下管线铺设地形图，并将计算机、数字化扫描仪及绘图仪等设备与数字化软件相结合实

现工程测量工作的有效开展,并且还能够在较短的时间内获得数字化的工程测量成果。原图数字化测图的工作法有手扶跟踪数字化和扫描矢量化两种,其中扫描矢量化的精度和效率较高,但应用扫描矢量化法获取的数字地图精度会受原地形图精度的影响,再加之数字化测量时产生的误差,致使扫描矢量化法获取数字地形图精度与原地形图精度相比偏低。况且扫描矢量化法仅是将成图时地表上的各种地物地貌反映在白纸上,所以缺乏现时性。

综上所述,城市地下管线信息化工程是城市的"生命线",也是确保城市生存与发展的重要体系,具有为城市输送资源、传递信息及废弃物排放的功能。为了不断提高城市地下管线信息化工程的测绘技术水平,应用数学化的测绘技术是非常必要的。

第五节 三维测绘技术在工程测量中的应用研究

一、三维测绘技术对于工程测量的重要性

(一) 三维测绘技术在工程测量中的作用

1. 满足工程测量的需求

之前的地图形式是 2+1 维地图,这样的一种形式是自上而下,这个可使得工作人员明确地面的情况,不过当进行测量的时候需要确保从多个角度开展。因此这样的一种形式的测量很难达到工程测量的实际需求,要研发出更加完善的测量技术去进行测量,二维测绘技术可以满足这样的一种需求。

2. 满足城市规划的需求

近段时间,我们国家城市化得到了显著的发展,进而也就促进我们国家的发展,因此要深入地开展规划,不过现阶段的设计图已经涉及了三维设计软件,所以要想满足工作的需求,就需要在工程测量的时候采取三维测绘技术。

3. 满足工程施工的需求

要想确保城市土地得到更加广泛的使用,就需要开展更加详细的设计工作,进而使得建筑物能够得到更加广泛的使用,所以建筑物的结构比较复杂。要是建筑物比较复杂,有关的测量结果也就要求更加准确,所以这是一种比较先进的测量技术,三维测绘技术也需要得到广泛的使用。

4. 满足建模改造的要求

现阶段还是存在一些需要改造但是比较复杂的工程，轮船以及汽车都是这样的工程。当有关的工作人员完成相应的设计工作之后，需要建立有关的模型，这个时候通过对于三维测绘技术的使用可以更好地完成设计模型的工作，进而给之后的工作提供保障。

（二）三维测绘的情况

三维测绘的需求比较多，不过现阶段的发展情况并不乐观，接着是通过对于三维测量仪器的使用进而分析三维测绘技术的情况。其中使用比较多的测量仪器如下：

(1) 卫星定位测量系统的使用。卫星定位系统可以接收到点位坐标，这个坐标就是地心直角坐标系里面的三维坐标，并且也是三维测量的一部分。这个系统所得到的结果准确性较强，还有就是由于使用了 GPS 系统进而使得测量结果更加准确，但是现阶段还是存在一定的错误理念。这个错误理念就是通过使用卫星定位能够得到相应的坐标系，通过和之前的测量进行比较能够看出，还是存在一定的差别，其中最主要的就是二维测量会受到大地水准面的影响。

(2) 对全站仪的使用。通过使用全站仪能够一起测量出角度以及距离，并且属于三维测量仪器的一种，在之前的测量工作里面，使用水准面来当作基准面，但是所得到的结果会受到大地水准面的影响。

(3) 对于三维激光扫描仪的使用。最近一段时间测量部门开始广泛使用三维激光扫描仪，三维激光扫描仪扫描速度比较快，并且点位比较准确，因此推广速度也在持续加快。这个仪器不依赖水准面，因此大地水准面也很难影响到测量的结果。

（三）发展趋势

三维测量技术在对于仪器的投入是比较大的，但是在制定有关的规范的时候需要在此之前进行详细分析以及研究，最主要的研究就是对于软件的开发，对于三维地理信息系统的构建，还有就是需要研究三维测量和二加一维测量之间的关系，这些都是未来发展的方向。通俗地说，测绘会用到 GPS 系统，这样可以得到更加准确的数据，所以就需要增加对于 3DGPS 的研究，进而研究出相应的软件。

（四）对于三维测量理论的研究

二加一维系统转变成三维系统，坐标维数不会发生变化，但是会变得比较复杂。二加一维空间类似于一个鸟瞰空间,能够从上往下观察地面的情况。不过三维空间不仅能够从上往下看,还能够从下往上看,从里面往外面看,或者是从其他几个方面进行观察,进而也就增强了测量工作的准确性。

二、工程测量的任务和应用范围

(一) 工程测量的任务

工程测量的任务主要包括以下几个方面:

(1) 对工程建设项目所在区域的地形地貌进行考察,并以规定的符号和比例尺对其进行描绘。另外,要详细记录工程建设所需的数据,形成图纸和数据资料,为工程建设的规划设计提供依据。

(2) 依照设计图纸,对拟建建筑物的位置和大小等情况,在建筑施工现场进行标注,作为建筑施工的依据。另外,要在建筑施工的过程中进行各种工程测量,以满足施工要求。在建筑工程建设竣工之后,要进行竣工测量。

(3) 在建筑项目施工阶段和建设项目运营阶段,对于施工现场的重要建筑物,要进行变形观测,以了解和掌握其变形的具体情况和规律,为建筑项目施工和运营的安全性提供保障。

(二) 工程测量的应用范围

工程测量的应用范围主要包括以下方面:

(1) 在工程建设的规划设计阶段,要运用工程测量技术对施工场地进行勘察统计,掌握施工场地的形式和面积,记录相关的测量数据,形成测量资料,为工程设计方案提供依据。

(2) 在工程项目的施工阶段,要按照设计图纸的规划,对施工现场的地形,施工控制网,定向放线等指标进行工程测量。

(3) 在建筑工程项目竣工验收阶段,要通过工程测量技术验证建筑工程施工是否符合设计规范。

(三) 工程测量的发展

工程测量有着很长的一段历史。最开始,工程测量技术通过对于光学以及机械一体化的测量机器的使用,进而传输到光学、机械、微电子技术以及计算机技术于一体的自动化以及智能化测量系统的方向去发展。有关的测量工作离不开对于三角网、三角高程网、三四等水平测量的形式,得到测量角度测量距离以及测量高差之后能够获得有关的坐标和相应的高程。为得到更准确的平面坐标和高程坐标就需要增加对于 GPS 系统的使用。之后采取一些专业的机器来进行有关的测量工作。接着就是,由于科学技术的持续进步,测绘的有关学科通过之间的交流以及合作,工程测量这样的测绘学科直接向着综合的方向发展,进而得到新型的地理信息系统以及 GPS 技术。

三、三维测绘技术的发展现状和应用

(一) 三维测绘技术的发展现状

(1) 卫星定位测量系统。这个系统使用了地心直角坐标系里面的三维坐标,实现了真正意义上的三维测量,而且具有极高的测量精度。在实际应用卫星定位测量系统时,要注意大地水准面对三维测量精度的影响。

(2) 全站仪。全站仪是相对标准的三维测量仪器,能同时对距离和角度进行测量。全站仪可以实现对相关数据的计算和自动显示,还能自动补偿水平角和垂直角。另外,全站仪具备多种记录储存方式,可以实现对信息数据的完整记录。使用全站仪进行测量时,要注意大地水准面对测量精度的影响。

(3) 三维激光扫描仪是较为先进的三维测量仪器,具有极快的扫描速度和高精准的点位精度和密度,这使其在工程测量中迅速普及。

(二) 三维测绘技术的应用

三维测绘技术在工程测量中得到了广泛的应用,现从以下方面进行分析:

(1) 在城市规划和旧城改造方面,工程测量技术的作用日益突出。工程测量应逐步过渡到三维测绘,为城市规划发展提供依据。

(2) 在现代工程建筑项目的设计阶段,三维 CAD 软件技术逐渐得到普及应用,三维测绘的应用也随之跟进。

(3) 传统的工程测量技术已无法满足日益复杂的工程施工,三维测绘技术的高精度能为建筑项目施工提供精确的测量数据。

现阶段工程测量技术研发出了三维测绘技术,加强对三维测绘技术的应用,能有效提高工程测量的效率,确保工程测量的准确性。工程测量技术和三维测绘技术,对于工程建筑行业的发展具有至关重要的意义。

第六节　工程测量与地理信息的结合与应用

社会的不断发展，对于工程的需求越来越大，而且随着城市的不断开发，人们可供直接利用的土地工程资源越来越少，因此不得不将目光投向一些地理情况较为复杂的地形当中，而工程测量本身便是一项难度较高、精密性要求严格的工程技术，复杂的地形无疑进一步增加工程测量的难度。因此，在新的时代发展背景下，加强工程测量与地理信息技术的结合是必然趋势，也是目前热门的研究课题之一。本章节即从地理信息技术在工程测量中的主要应用及表现两个角度出发，阐述其与工程测量的具体结合，希望能进一步加强两者之间的联系，实现两种不同技术间的共同进步与发展。

一、地理信息系统的简要概述及其在工程测量中的主要应用

（一）辅助工程人员绘制工程所需地图

地理信息系统是以 GIS 技术为支撑的一种全方位的地理信息勘察系统，可以充分地了解到某一区域的地理信息，而工程测量便是为了对某一区域的地势、相对距离等地理情况有详细的了解从而绘制出工程图，为接下来的工程项目施工奠定基础和方向。因此将地理信息系统运用在工程测量中，可以辅助工程测量人员更加有效、迅速地绘制出项目所需要的地理信息图，并将工程测量人员从大量地实地勘查工作中解放出来。

（二）提供更加准确客观的信息帮助工程人员决策

GIS 技术还可以辅助工程测量人员更好地分析和梳理数据从而做出更加准确的决策，如 GIS 技术中的电网分析功能可以对计算机系统的可靠性进行分析，一旦发现计算机系统计算不达标、数据发生偏移的情况，可以自动报警并警示工程测量人员拉闸停电，以最大限度地减少损失，使计算机系统重新恢复正常运转。另外，GIS 地理信息系统还可以通过电网分析功能将计算机系统的运行状况巨细无遗地反映出来，便于工程测量人员可以以此为依据来制定相关的运行方案与决策，为增加系统的安全中断的可靠性做准备。

(三)便于工程人员更好地管理地理信息工具

工程测量人员在实际的测量过程中会利用各种设备来将一些重要的数据信息点记录下来,不同类型的数据所采用的设备也不尽相同,这无疑增加了工程测量人员测量的复杂性和劳动量,而 GIS 技术可以在工程测量的过程中利用信息记录、实地标识等电子手段来模拟测量人员在线路上的挂牌工作,为检索打下基础,以便能更加快速有效地寻找既定的目标。此外,GIS 系统还可以在工程测量的过程中发挥协助管理功能,处理系统中的故障数振缺陷数抵检修数据和基本台账数据,甚至可以实现模糊地名搜索。

二、地理信息系统应用在工程测量中的具体表现

(一)将系统数据隔离从而实现分层管理

分层处理主要表现在系统的数据隔离能力上,在地理数据定位功能中,不同的数据以及不同的内容在施工过程中所具有的作用也是有所不同的,而内容需要与工程测量的数据具有较高的吻合度,这样才能够保证施工的准确度。而分层处理对于数据的整合以及数据的规划都有着非常明显的效果,这样地理信息在进行空间转换时也更加清晰。而数据在分层管理时,对于数据的使用也更加方便,因此地理信息系统的分层处理也是 GIS 中不可缺少的重要特征。

(二)建立数据库从而更客观、有效地进行地理模型分析

二次开发函数资料库是 GIS 系统最有价值的应用特征,各功能模块在对测绘数据进行分层处理之后,会根据不同管理内容创建多种分析模型,分析模型可以帮助工作人员挖掘更深层次的测绘数据,如地质变量信息、工程结构变形信息等。同时,地理信息系统专有的输出功能也可以有效降低人工测绘、制图、信息处理资源,降低测绘工作的运营成本。

(三)优化工程测量的软硬件环境并有效节省工程测量的成本

一般的测量仪器和信息处理设备从服务性能上看,也同样具有很好的资源优化能力,但是从客观角度上看,测量信息在搜集、输入、查询、使用时也会产生一定的操作误差,这种误差不仅体现在数据管理上,也受硬件设备运行状态的影响,因此很容易受到软硬件影响。而 GIS 地理信息系统可以基于本地数据库以及网络大数据生成准确的、可供分析的、稳定的地理模型或三维地图,优化工程测量的软硬件环境的同时还可以并有效节省工程测量的成本。

三、工程测量与地理信息的具体结合与应用

（一）工程测量与地理信息系统结合从而更为准确、直观、全面地获取数据

在正常的工程测量工作中，工程测量人员需要将所要利用的对象的各个信息进行充分的勘察与计算，得出可供工程实用的准确数据，而这些数据并不是同一类型的数据，有其各自的作用，因此数据的筛选和整理工作往往是工程测量人员的一个难题。将地理信息系统应用在工程测量中，其中一个最为突出的优点便是可以实现测量信息的数据隔离，从而实现数据的快速检索与获取能力，提高工程测量的工作效率。此外，将数据进行分层管理后，更有助于数据的管理和转化，更加高效、准确地为工程项目打好基础。

（二）工程测量与地理信息系统结合从而利用庞大数据库进行数据测量

地理信息系统在数据上还有一个最为显著的特点便是其可以二次开发函数数据库，这也是工程测量同地理信息系统进行结合的技术支撑和关键点。地理信息系统所生成的二次开发函数数据库是在已知测绘出的大量工程数据的基础上再通过数据分层管理来生成多种多样的工程数据模型，通过这些模型，工程测量人员可以在实地监测数据的基础上进一步的挖掘该区域内的地理信息，从而准确、科学、快速的得出工程建设所需要的信息，并大大降低了实际的测绘成本和人员投入，促进了工程建设的发展。

（三）工程测量与地理信息系统结合从而实现信息的快速检索与查询

在工程项目施工时确保工程所需各种数据能够及时、准确地到位是一项重要工作，这也是工程测量的目的之所在，但由于传统的工程测量所记录的数据更多地体现在绘制的图表中和相应的数据表格之中，工程施工人员无法准确地在数据库中找到自己所需要的数据，而将地理信息系统应用在工程测量之中，可以更好地充实工程测量数据库，构建出三维地图模型从而实现可视化的具体操作，便于工程人员更好的描述测量的分析结果。同时，利用地理信息系统的分层技术快速找到所需要的数据，从而在工程施工的同时注重工程和地理环境的兼容性，规避因为环境变化而引起的不良影响。

总而言之，在工程测量中加入地理信息系统不仅可以极大程度的提升工程测量的效率和质

量,还能将人力从烦琐的工程标记以及信息搜集工作中解放出来,在提高工程测量精准度的同时又节省了工程开发前期的成本投入,从而实现利润的增长,因此加入地理信息技术对于工程测量而言百利而无一害。但本书更多的是从理论的角度阐述地理信息系统在工程测量中的表现与应用,并未涉及两者之间如何结合的具体实践,因此仍需要更多工程测量领域的专业人士进行深入挖掘和钻研,本文仅作抛砖引玉之用。

第七节 无人机测绘技术用于工程测量的实践探究

我国在经济建设中加快城市化建设的进程,建筑工程项目的建设数量不断增加,建设规模也不断扩大,在项目的施工建设过程中,需要应用先进的技术、设备进行工程测量,为项目建设提供必要的施工条件。在新时期下,科技技术研究和应用不断深入,工程测量中应用的测绘技术不断先进化和智能化,大大提高了工程数据测量的精准度,在工程测量测绘中应用较多的一项技术是无人机测绘技术,无人机测绘技术效果比较突出,能够在不同的环境中完成各种测量任务。重视对无人机测绘技术应用研究,能够使工程测量的范围不断扩大,测量效果不断提升,工程测绘中使用的无人机测绘技术对于测量数据的精准度控制有效,且由于这种技术方式是在科技进步的基础上发展和形成起来的,定位效率和数据处理的质量高,因而要在工程实践中充分凸显其技术优势,需要对无人机测绘技术用于工程测量的主要实践内容和技术方法等展开实地研究与探讨。

一、无人机测绘技术在工程测量中的实践作用以及技术优势

(一)监测率高

无人机测绘技术属于新型的科技技术,在实际应用中具有较为明显的科技优势,工程测量中需要通过遥感技术手段,对项目建设的基本情况有所了解,在工程项目的施工建设过程中使用无人机测绘技术保持较高的监测率,能够更加及时有效的发现项目建设中存在的风险性问题,及时发现、及时解决,才能减少和避免其他恶劣性质的连锁反应产生。无人机测绘技术在工程测量中的应用,对于紧急事件的处理效率较高,从而实现工程改善,例如在无人机测绘技术应用中监测到工程项目周边的水文环境或者地质环境等存在风险问题,可以制定出技术方案予以解决,提高项目建设的稳固性。

(二) 监测尺度大

在工程测量中进行一系列的测绘工作,要优化最终的监测效果,不能仅仅是进行大范围的项目监测,而是要在应用无人机测绘技术的过程中,适当缩小监测范围,实施更加精准化和全面化的项目监测。使用无人机测绘技术在遥感监测中,需要确保其能够在大范围监测中的监测尺度扩大。实践操作中,无人机测绘技术应用具有稳定的可控性,监测范围能够伸缩,监测尺度也能够进行调控,因而对于监测的项目区域,一般可以使用三维形式进行集中展现,拓展其应用功能。例如在较为恶劣和复杂的监测环境中,使用无人机测绘技术在丛林和高山中作业,能够实现低空航拍,拍摄和测量系统灵活,用途广泛。

(三) 高清摄像

在工程测量中,对于项目周边的自然地理情况和水文地质情况等,均可以使用无人机测绘技术进行遥感观测,并通过高清摄像系统进行航拍,影像的清晰度高,则数据分析更加可靠,监测内容也更加全面。无人机测绘技术能够对摄像图片的程度进行放大,在遥感测量中对摄像软件系统进行合理的调控,使其能够满足在不同环境条件下的作业需求,从而达到控制摄像误差问题的目的。无人机测绘技术在工程测量中运用的机动特点明显,在搭载航拍摄像系统或设备的过程中能够实现高清摄像,实时定位、实时监测,使无人机测绘摄像整体效果得以优化,充分发挥出无人机测绘技术的优势。

二、无人机测绘技术用于工程测量的方法要点

(一) 信息采集

在工程测量中运用无人机测绘技术需要对项目建设的多种信息进行采集,采集的数据主体不同,则无人机测绘技术应用参与的工作内容也不同,可以将采集工作分为自动加密部分和手动采集部分,手动采集相关数据需要使用计算机技术和设备等设施远程测控,无人机测绘技术人员在基站内部要根据实际的工程数据需求状况,操作无人机完成图像的拍摄,图像拍摄的内容具有选择性和针对性,使获得的数据信息更加具有实用性。使用无人机测绘技术进行自动加密,是内部系统进行自我保护和控制的一种手段,能够使信息存储安全,保证数据采集和应用稳定。

(二) 数据处理

运用无人机测绘技术对工程项目建设信息以及周边情况进行实时的监测,获得相关数据后

需要对数据内容进行处理，以往的数据处理方式是纯人工形式的，因而数据质量和处理速度难以保证。应用无人机测绘技术时，对整体的项目地理形式和外界环境进行综合分析，对工程项目周边的生态状况予以航拍，结合高空拍摄和低空拍摄的图像内容，进行数据分析，在宏观指导中及时发现问题所在，然后在数据传输中，制定出有效策略予以解决，使无人机工程测量的数据处理速率和效率得到显著提升。

（三）起降设置和抗风保护

无人机测绘技术在工程测量中，需要考虑到在丛林、山地和矿区等特殊环境下的使用效果，工程测量领域内，相关人员对于无人机的起降设置应该合理，使其能够在合理的滑翔距离内完成顺利起飞。对于大型无人机，由于现实环境可能无法满足起飞条件，考虑到自然环境属性，适当调控起飞高度，提高其抗风能力，防止无人机由于山间大风干扰导致坠毁。另外工程测量中应用无人机测绘技术，需要考虑到机械设备的外形、重量等是否影响其起飞状态，结合实际情况，调控好无人机设备的各项参数，提高其技术安全性，满足工程测量的实际需求。

无人机测绘技术在多个领域中均有应用，国家加大对无人机测绘技术的研究，能够使其在民用领域中发挥出巨大优势，无人机在低空遥感中能够快速获取不同的地理信息，提升了数据处理的速度，同时能够在高清的航空数码相机的搭载中完成图片拍摄，使其机动灵活、精细准确的完成图像采集任务。建筑工程项目在施工建设中进行工程测量，是为了能够对工程项目基本情况有综合了解，获取工程数据后进行完善的工程规划，工程测量中应用的无人机测绘技术优势较多，监测尺度和监测范围较大，且具有较高的监测效率，高空作业优秀，在与多项科技技术的融合中大大提高了工程测量的效率和质量，对于现代工程项目的规划建设具有重要的指导性作用。对于工程测量中较为复杂条件下引入的无人机测绘技术，需要集中控制好设备的基本参数，在数据采集中进行定向分析，获取高清测绘影像要及时反馈，保证无人机测绘技术在工程测量中的作业安全性。

第八节　现代工程测量新技术的应用分析

随着中国现代化科学技术步伐的快速发展，比较特殊、重要的工程对工程测量技术提出了全新且高层次的要求，只有在建筑工程项目中采取准确测量的方法才可能确保工程项目在设计和施工项目中的质量。电子信息科学技术的不断提升为开发工程测量新技术提供了新的技术方式和手段。各种新型建筑和新建项目的建设为工程测量技术的快速发展奠定了基础。在广度和深度上现代工程测量新技术都取得了长远的进步。在广度方面，工程测量范围正逐步地扩大，以往的建设项目一直扩大到现有的高速铁路工程以及海洋工程方面等；在深度方面，工程测量新技术方法也在不断地从早期的旧方法更新到目前的数字遥感技术，以及复杂工程测量项目的三维立体测量的开发，随着信息时代的发展进步，我国工程测量的新技术正不断地更新测量方法，以便推动中国的现代化工程建设步伐。

一、关于现代建筑工程测量的重要性

工程测量理论落实在建筑施工中的各个阶段，而且在工程建设的过程中施工阶段和管理阶段以及设计阶段，所应用到的方法和技术都称为工程测量。该项目建设的主要任务就是建立测量专用测量仪器，利用一定的技术方法来定位设计图纸、确定数据以及几何体在实际场地中真正的放样范围。测量后的放样结果对项目完成后的整体工程质量、结构构造、安全性能和功能使用都有直接的关系。建设工程规划中最重要的方法之一就是工程测量，在施工前期一定要根据工程建设和规划要求，还有测量不同类型时使用到的测量文件和规模比例，确保整个工程竖向设计，符合总体平面规划图，以及整个平面图管线路线。在进行工程设计时，要按照施工图纸和施工规范要求，根据建筑物高度和楼层规划位置将放样数据准确的标化出来。同时，在绘图过程中要避免发生错误和误差，一定要依据工程建设的实际环境和新技术要求，不断完善测量新技术。现代工程测量主要是测量建筑工程规划设计阶段是否符合建筑工程的大比例尺地形图，根据人工测绘测量图和摄影照相测量的地面图，完成工程建设项目的测量工作。根据控制点地形图，人工测量图是地方建筑工程测量工作的一般原则，从总体到局部的原则，主要是用于在研究区域网络中建立控制平面和高度的网点。

二、对现代工程测量技术的应用分析

（一）GPS 测量技术在工程测量中的应用

GPS 测量技术的主要原理就是使用卫星高程基准面和信息提取过程最终获得测量站三维坐标。随着 GPS 测量技术的持续推广使用推动了适当测量方法的更新。目前 GPS 测量技术常用的主要有两种方法：静态定位和快速静态定位。静态定位指的是接收天线进行定位时整个观测过程的位置处于不变的状态。这种方法主要应用于更高精度的测量和定位中，如基础测量和工程对准定线中，而这种方法的缺点是观察时间太长。为了满足这些要求，推导出一种快速静态测量精度，如果一个或几个时期的观测应用可以满足在厘米范围内定位的需要，则载波相位观测甚至可达毫米甚至更好，这种方法就是快速静态测量。

（二）GIS 测量技术在工程测量中的应用

近年来，GIS 测量技术在工程测量中的应用非常广泛。GIS 就是一种根据对地理地形数据采取、存储、管理和分析、信息三维可视化和输出结果为一体的工程测量技术。GIS 测量技术增强了测量工作的效率，减少了现场测量的工作量和劳动量。这种技术精密度非常高，操作方法简便，易于储存等。主要应用于城市规划建设和水利工程的建设中。

（三）数字影像测量技术在工程测量中的应用

这种数字成像测量技术主要是指对测量的二维效果进行三维信息的提取，通过依靠拍照接收信息，对所测量的范围进行多次冲击点，然后将所需的信息从测量工作中所获得的数据信息提取在计算机系统上。近几年来，数字影像技术已经发展变得成熟起来，并已广泛应用在各种工程测量方面。数字影像处理技术的适用范围主要是复杂的地形环境中，以及难度比较大的测量工作。当建设项目完成后，该技术还可以用于检查检测建筑物在施工过程中的变形性能。根据计算机系统分析建筑项目中收集的多点信息，评估建筑物的偏转、倾斜、水平位移和垂直位移，以确保整个建筑物的安全性。

随着信息时代的到来，科学技术正在不断地发展进步，现代工程测量新技术的发展也非常迅速。由于计算机技术衍生的技术产品的引入，提高了工程测量的精密度，并逐渐减少了测量工作人员的劳动力。而且传统方面的测量建技术已经无法满足当下工程测量的需求，这就需要我们不断地创新创造工程测量新技术，开发和应用新技术为工程测量提供了新的方法、扩展了人们的思路。例如，GPS 技术和遥感技术等先进应用不仅减少了观测方面的难度，而且提高了观测精密度，为以后的工程设计夯实了基础。工程测量单位应该了解并跟上现代工程测量新技术的发展趋势，努力提高自己的技术实力。同时工程测量单位需要创造符合自己的核心新技术，引进新技术并培养一些技术人员，提高工程测量工作的质量，从容地面对行业内的市场竞争。

第九节　现代工程测量技术发展与应用探究

伴随着社会日新月异的发展，我国工程测量在工程建设中的作业越发重要，传统工程测量技术已经无法顺应时代的需要，因而形成了适应社会需求的现代工程测量技术。现代工程测量技术充分融合了现代高新科学技术与信息技术，使得测量过程更为严谨科学，测量结果更加准确精细，进而最大限度保障了工程建设的速度与效果，故研究现代工程测量技术发展与应用意义巨大。

一、现代工程测量技术的重要性

现代工程测量技术不仅应用于我国各类国防建设，同时也广泛应用于铁路公路、交通、地质勘探、城市建设、能源开采、水利电力以及房地产开发管理等工程建设，现代工程测量技术属于综合性测量技术，其能够有效满足应用领域的测量需求，能够借助自动化测量技术实现测量的边界无阻性，同时能够借助科学的测量手段与数据模型完成测量数据的收集、汇总与分析反馈。可见，现代工程测量技术在发展与应用中突显出提供准确的测量资料、确保精确的工程定位以及保证竣工验收的效果。

(一) 提供准确的测量资料

由于工程项目施工准备阶段需要全面细致地研究施工项目的特点，收集大量施工项目相关的图纸资料，确定工程项目施工的范围，明确工程项目施工需要的材料设备，从而能够科学高效地布置好工程项目施工现场，选择安排好工程项目施工需要的材料及机械设备。然而，所有工程项目施工准备阶段需要的图纸资料都离不开工程测量结果，只有依托现代工程测量技术获得各类测量结果，借助这些准确精细的测量结果绘制出相应的图纸资料，故现代工程测量技术对工程项目施工准备阶段获得准确图纸资料具备极其重要的作用。

(二) 确保精确的工程定位

对于工程项目来说，项目的精准度是尤为重要的。因为足够准确的测量结果是工程项目能够顺利施工直至竣工使用的基础，一旦测量结果出现偏差，轻则使得工程项目达不到预计效果，重则会因工程项目质量引发恶性安全事件,故工程项目测量的精确度成为项目施工直至竣工的重点。由于现代工程测量技术,其涵盖了先进的科学与信息技术,能够保证测量数据尽可能地精准,故在工程项目定位中能够提供精确的定位数据,从而确保工程项目施工的精确度,使得工程项目达到预想的设计效果。因此,现代工程测量技术在工程项目施工定位中发挥着极为重要的地位。

(三) 保证竣工验收的效果

工程项目施工完成后,还需要进行工程项目竣工验收这一重要环节,在竣工验收环节中涉及大量测量工作,并要根据测量数据编制竣工测量报告,相关的监管部门根据提供的竣工测量报告,核实报告的真实性与准确性,并综合考虑工程项目完成程度以及竣工测量报告等相关情况,认定工程项目是否满足竣工使用条件,因而在工程项目竣工验收环节中相关测量数据必须尽可能精确,方能利导监管部门有效监管,并确保工程项目尽可能接近预期使用效果。现代工程测量技术能够提供足够精确的测量结果,故现代工程测量技术对保证竣工验收的效果具备重要作用。

二、现代工程测量技术的特点

现代工程测量技术,其摒弃了传统工程测量技术操作难度大、测量结果误差大以及测量时间久等弊端,借助信息技术与科学手段排除测量误差的干扰因素,建立动态测量体系,设置测量体系中各组建单元的误差传递模型,由此实现工程测量的精细化与准确化,确保工程建设的施工质量。现代工程测量技术在发展与应用过程中具备诸多特点,最为常见的特点为广泛性、自动化以及科学性。

(一) 广泛性

传统工程测量技术,由于其存在操作较为复杂、作业量较大以及耗费时间长等特点,因而该技术多应用于桥梁、建筑等土木工程的建设,较少应用于居民的生活中。现代工程测量技术吸收了信息化技术,使得测量操作较为便捷,故拓展了测量技术的应用空间,其不仅适用于大中型土木工程项目建设,也逐渐应用于居民的日常生活各个领域,使得居民更为准确便捷地获知测量结果。可见,现代工程测量技术具备广泛性特点。

(二) 自动化

传统工程测量技术往往借助人工勘察,故测量遇到的制约因素较多。目前,我国现代工程测量技术，其吸收了国内外先进的信息技术，构建了自动化测量系统，丰富和完善了工程测量的功能，排除了大量测量面临的阻碍因素，使得工程测量技术能够轻松、高效地发挥其测量作用。可见，现代工程测量技术具备自动化特点。

（三）科学性

现代工程测量技术之所以能够得到时代的认可，并广泛应用于各大领域，并非是一种偶然现象。实质上是因为现代工程测量技术能够确保测量结果最大限度的准确，现代工程测量技术转变了传统平面式测量思路，将平面式延伸至三维立体式测量，使得测量的结果更为科学，更为精准。可见，现代工程测量技术具备科学性特点。

三、现代工程测量技术应用的几个主要方面

随着时代的飞速发展，传统工程测量技术已经不能顺应时代的需求，现代工程测量技术的出现是符合历史发展规律的，且现代工程测量技术的发展与应用能够推动时代进步，促进国民经济持续健康发展。目前，现代工程测量技术属于一种朝阳产业技术，该技术正向着测量数据获取与处理自动化、测量作业一体化、测量行为智能化、测量结果数字化以及获取测量信息共享化等高端趋势发展。同时，现代工程测量技术所涵盖的地面测量技术、GPS 技术、摄影测量技术、数字化测绘技术以及 GIS 技术等技术类别，这些类别的技术在未来的发展与应用过程中将不断渗透，形成更为先进、科学的新型现代工程测量技术，从而更好地为我国国民经济建设服务，故作为国家建设者，我们需要不断加强现代工程测量技术发展与应用方面的研究探索，从而更好地发展完善现代工程测量技术。

（一）先进的测量仪器在工程测量中的广泛应用

先进的测量仪器在工程测量中的广泛应用，使野外数据采集手段向现代化、自动化、数字化、一体化方向发展。自 20 世纪 80 年代以来，许多先进测量仪器陆续出现，并且很快在工程测量各个领域得以引进与应用，为工程测量提供了先进的工具和手段，如光电测距仪、精密激光测距仪、数字水准仪以及由电子经纬仪、光电测距仪与数据记录装置集成的全站仪和电子数字水准仪等的出现，成为城市和各类工程测量、施工(竣工)测量、地籍(房产)测量以及各类线路测量(地上，地下，架空)、矿山测量等领域的常规使用仪器，给工程测量带来了巨大的变化，改变了传统的工程测量作业方式。诸如传统的三角网已基本上被测距导线网、测边测角网和 GPS 网所代替；在地形起伏地区传统的三、四等水准测量正被光电测距

三角高程测量所代替；测距仪的自动跟踪装置和连续显示放样值为工程施工带来了方便和安全；电子速测仪的应用为细部测量提供了极大的方便，实现了无需预先布设测图控制点的地形测量和工程放样工作。

电子经纬仪和全站仪在工程建设的各个测量领域得以广泛普及和应用，是地面测量技术进步的重要标志之一。测量结果自动记录数据、自动传输到计算机上，利用"人机交互"方式进行测量数据处理和图形编辑，实现测图工作向数字化、自动化方向发展。而国外的徕卡公司，索佳公司和蔡司公司已先后推出了 TCRA 全自动全站仪和 TCA 全自动跟踪全站仪(已有 TC(R) 302 中文版全站仪)，以及 Powersat-R 系列无目标全站仪和 Eltas 系列马达驱动自动跟踪全站仪等，能对一系列目标实现自动测量，即所谓"测地机器人"。这类仪器已在精密工程测量和大型工程变形监测以及工业自动测量中得以应用。

激光水准仪、全自动数字水准仪、记录式精密补偿水准仪以及电子数字水准仪等的出现，使几何水准测量实现了自动安平，自动读数记录，自动检核测量数据等功能。它具有速度快、精度高、使用方便、劳动强度低和实现内、外业一体化的优点，使工程几何水准测量向自动化、数字化迈进。这些仪器已被广泛用于施工放样、精密水准测量、大型工程和精密工程的变形监测以及工业自动化测量等领域。还有专门用于施工与安装测量的高精度激光扫平仪，激光准直仪,激光铅直仪或称天顶天底准直仪(投点精度可达 $10^{-5}\sim10^{-6}$)，也已广泛应用于高层(耸) 建(构)筑物施工、深竖井及高(超高) 烟囱、电视塔或高塔架的铅直定位测量与变形监控或竖直轴线的投测，以及高精度的设备安装放线控制等各类工程测量与监测，保证了工程的质量和安全。

此外，陀螺经纬仪、陀螺全站仪(如索佳的 GP1—2A) 和激光断面仪是用于矿山和隧道建设中的一种专用工程测量仪器，它能提高测量精度，便于操作使用，提高作业效率，减轻劳动强度，做到测量工程自动化和观测结果自动显示(激光断面仪能自动绘制并显示所测断面)。该类仪器已在矿山、隧道工程、地下工程以及地下跟踪控制测量中得到广泛应用。在地下管线测量中，广泛使用的测绘仪器有美国，英国等国外产品以及国产 GX 等不同系列的金属地下管线探测仪，还有加拿大生产的地下非金属管线探测装置(如 PulseEkko 100A 型 GPR 系统，又称"探地雷达") 等。这些仪器具有无损性、高分辨率、高效率及抗干扰性强等特点。在地下管线的测量中，利用这类仪器和装置不仅可以提高定位精度，而且无需进行现场开挖，从而可以减轻劳动强度，提高工作效率。

(二) 数字化测绘技术在测绘工程领域中的广泛应用

数字化测绘技术已在测绘工程领域得以广泛应用，使大比例尺测图技术向数字化、信息化发展。大比例尺地形测绘和工程图测绘，历来是城市与工程测量的重要内容和任务。利用传统的方法工作存在劳动强度大、质量控制难、功效低等缺点。随着中国城市化和工程建设规模的不断扩大，对大比例尺地形图的需求量日益增大，同时对地形图的更新周期要求也越来起短，因此都希望要尽量缩短成图周期和实现成图自动化，才能更好地满足各方面的需求。

随着电子经纬仪、全站仪的应用，尤其自动跟踪全站仪的推出和 GPSRTK 实时动态定位技术以及先进的数字化测图系统和电子平板测绘模式的应用，实现了地形图从野外(或室内)数据采集、数据处理、图形编辑和自动绘图的自动化成图，并可直接提供纸图，亦可提供软盘，为专业设计自动化、建立专业数据库和基础地理信息系统以及勘测设计一体化打下了基础。从 20 世纪 80 年代以来，中国在数字化测绘技术方面的开发研究和应用发展很快，也取得显著成效，先后开发研究并取得成功的成果有：北京测绘设计研究院研制开发的大比例尺数字化测图系统(DGJ)、南方测绘公司研制的 CASS 系统以及清华山维公司研制的 EPSW 电子平板测图系统和广州开思公司研制 SCS 遥感电子平板测图系统等。这些数字化测图系统推出后在国内各城市和工程测量单位产生很大的反响，很快地先后被国内各单位普遍引进并被广泛应用，提高了成图质量和效率，取得很好的效果和效益。

但是，一些数字测图软件，由于存在图层分配不标准、编码不统一、图面内容绘制方法不规范，以及属性数据和图形数据不包容等问题，使得图形难以进入 GIS。近年来广州开思公司开发的 SCSG 2000 和山东正元地理信息公司开发的 Zydms 数字测图系统基本上解决了上述的问题，使大比例尺测图在实现数据采集基础上，可方便进行 GIS 数据变换，使野外数字测图系统成为 GIS 的一个前端子系统，这些系统的出现标志着大比例尺测图成图技术已迈向数字化、自动化的方向。

(三) 卫星测量(GPS) 定位技术在工程测量中的广泛应用

20 世纪 80 年代以来，随着 GPS 定位技术的问世，并不断发展完善，导致了传统的测绘定位技术发生了革命性的变革，它不仅对大地测量而且对工程测量的发展也产生了深远的影响，使测绘科学技术进入一个崭新的时代。由于它具有高精度、高效率、高速度和高效益并能一次性提供三维坐标等优点，所以很快被测绘部门所青睐，并为工程测绘提供了一种崭新的技术和方法。

近年来，在中国已形成一股引进、消化、开发和应用 GPS 定位技术的"热潮"，其发展势头是非常迅猛的。据不完全统计，目前在国家各大、中城市测绘部门及其他工程测绘部门，都已从国外或国内厂家购置不同类型的 GPS 接收机，甚至有的单位还拥有几台(套)。GPS 定位技术的应用已深入各个城市和工程测绘领域，除了城市与各类大型(或特种)工程控制网及监测网的建立和改建，已普遍应用 GPS 技术外，在石油勘探、铁路与高速公路、电力与通信线路、地下铁路、隧道贯通、山体滑坡、岩崩、地表形变监测、高层建筑变形监测、水利枢纽大坝监测以及岛屿和海域等各个专业的测绘工作，也已广泛使用 GPS 技术。此外，GPS 实时动态测量(RTK) 技术，已在石油勘探、城市与工程大比例尺数字测图、工程施工放样、线路(管线) 测量、线路杆塔定位测量、高层建(构) 筑物动态变形监测、近海施工平台定位以及堆料场矿体体积测量等方面都得以应用，显示出令人满意的结果。

GPS 定位技术在铁路和水利工程的长隧道贯通测量的应用中也取得了令人满意的结果。如在西安—安康铁路的秦岭隧道，长 18.5 千米，是中国最长的山岭铁路隧道；山西万家寨引黄入晋工程中的穿黄、海河流域分水岭的南干 7 号隧洞，长 43.5 千米。采用 GPS 定位技术建立平面控制，经过精心设计，优化方案，严格要求，密切配合，使控制网精度和贯通精度都达到了很高的要求，取得很好的效果和经验。根据有关资料可知，近年来在 GPS 技术开发应用研究方面也取得了可喜成果，如南京航天大学，香港理工大学联合导航研究中心设计的 GPS 多天线技术成果，已获得国家专利(专利号 Z100219891 6)，而由南京河海大学和香港理工大学联合研制的 GPS 一机多天线控制器，已通过江苏省科技厅组织的专家鉴定。该项技术已在香港山体滑坡、小浪底大坝、上海浦东堤、浙江天荒坪电站和湖南东江大坝等工程检测中进行了试验应用，其优点在于 1 个天线来代替 1 台 GPS 接收机，大大降低了系统的成本，并通过算法实现了 2 毫米的定位精度。这样采用一机多天线控制器，能 10 倍、20 倍地降低 GPS 的应用成本，该成果是一项具有国际领先的创新成果，具有显著的经济效益和社会效益，有着广阔的应用前景。

近年来 GPS 高程测量，在城市和工程的高程测量中的应用也受到普遍关注。从布设方案、已知高程点(检测点) 的分布和高程拟合方法等各种方案进行了大量试验。通过试验得出，在目前的大地水准面精度下，局部地区只要布测方案和拟合方法合理，GPS 高程测量完全可以代替工程五等水准测量，甚至有可能达到四等水准测量的精度。随着局部大地水准面的进一步精化，还有望满足更高的要求。

(四) 摄影测量技术在工程测绘中的应用

摄影测量技术已越来越广泛的在城市和工程测绘领域中得以应用,摄影测量由于高质量的摄影测量机,高精度的摄影测量仪器地研制生产,结合 GPS 以及计算机技术中的应用,又由于摄影测量软件的不断改进和完善,使得其能够提供完全的、实时的三维空间信息,不仅不需要接触物体，而且减少了外业工作量，提高了测量精度，提高了效率，并能提供品种繁多的成果。在城市和工程大比例尺地形测绘、地籍测绘、公路、铁路以及长距离通信和电力选线、描述被测物体状态，建筑物变形监测、文物保护和医学上异物定位中都起到了一般测量难以起到的作用，具有广泛的应用前景。

航空摄影测量已成为城市大面积大比例尺地形图、地籍图测绘与更新维护及大型工程(工业厂区) 勘探的重要手段与方法。它可以提供各种比例尺、数字、影像、线划等的 4D 形式地图成果。目前，在中国的大、中城市(直辖市及省会城市、特区市) 的测绘单位，都已普遍利用航测技术测制各类大比例尺地形图和地籍图(包括 1∶500 比例尺)，其成图方法已逐步从模拟摄影测量向解析摄影测量发展。

近几年，由于全数字摄影测量工作站的出现，为摄影测量技术应用提供了新的技术手段和方法，该技术已在一些大中城市和大型工程勘察单位得以引进和应用。同时，由于 GPS 技术，尤其是 GPSRTK 技术在摄影中的应用，大量减少并加快了野外控制点联测工作，大大提高了航测成图的效率与效益，使得工程摄影测量向自动化、数字化方向迈进。全数字摄影测量系统的应用，是摄影测量技术的一次革命，它可以高效率、高质量地完成自动定向、空中三角测量、数字地面模型自动生成、自动正射影像制作和交互式数字测图以及三维景观模型的采集等。摄影测量产品将从线划图、影像图向数字化系列的 4D(DEM—数字高程模型，DLG—数字线划图，DOM—数字正射影像图，DRG—数字栅格图) 产品转化，为建立各类专业信息和基础地理信息系统提供可靠的数据保障。

近景摄影测量或非地形摄影测量已广泛在文物保护、考古、园林、古建筑保护与修缮等的测绘中应用，并在物体运动过程、建筑物变形、物体外表、滑坡监测、罐体容积测定和形变监测，甚至在医疗、生物、农业、公安侦破等方面也得到了应用。20 世纪 80 年代以来，如北京园林局利用该技术测制大量的园林古建筑图，建设部综合勘察设计研究院用近景测量技术成功地用于香港天坛大佛的建造和北京人民大会堂礼堂穹顶的测绘，以及用近景摄影测量与特殊的精密工程测量相结合的方法，进行了重庆涪陵的白鹤梁枯水题刻保护工程的测绘。还有原武汉测绘科技大学等单位利用近景摄影测量方法进行了汉阳归元寺藏经阁三面等值线图测制和古建筑古文物的浅浮雕和壁画的测绘。近景摄影测量方法还可用于山体、岩体的塌方或滑坡，矿区危岩产状测定和形变的监测工作。其在这些方面的应用都取得了很好的效果。

利用数码相机结合数字近景摄影测量技术，可通过计算机直接从数码相机上读取相片，并进行相片量测处理。该项技术在野外考古制图中已得到应用，可绘制出各种探方图(分层平面图、总平面图、四壁剖面图)，实现了野外考古的手工作业向计算机辅助作业与信息管理的转换，全面提高野外考古在数据采集成图、数据处理与管理工作的效率。而研究和开发利用普通数码影像的 DTN 数据快速采集系统，在水电工程建设中已得到了检验与应用，并获得好评。

原武汉科技测绘大学开发研制的近景摄影测量软件包，和一些单位结合自身需要开发的非地形摄影测量系统，以及近景摄影测量与精密工程测量技术的综合应用，扩大了近景摄影测量的服务领域，推动了近景摄影测量的发展。

(五) 大型和精密工程测量与工业测量的发展

随着国民经济建设的飞速发展，大型工程建设(如大型桥梁、高耸建构筑物、地下工程、大型水利枢纽工程等) 以及工业自动化生产线和超高精度的设备安装(如飞机和汽车的安装、核电站工程安装、轮胎制造、工件测量等) 及大型工程建造与运营过程的安全监测等不断增加，都对工程测量工作提出了新的更高的特殊要求。为了保证这些规模巨大、技术先进、设备精尖和生产过程高度自动化的建设工程和工业生产，按设计要求顺利施工、安装和正常生产运营，并保证质量和安全，需要采用高精度的特殊方法进行测量保障，便形成了特种精密工程测量和工业测量。特种精密工程测量是将现代大地测量学和计量学等学科最新成就结合起来，运用现代测绘技术新理论、新方法和新技术，使用专用的仪器和设备，以高精度与高科技的特殊方法和技术，应用于特种工程和工业生产的测量工作。

目前，精密测量和工业测量技术已向自动化、智能化、实时化和系统化方向发展，如以电子经纬仪或自动全站仪等多个传感器集成和综合应用的自动化电子测量系统，它能够发现并精确照准目标，同时可锁定跟踪目标测量，以及精密三维工业测量系统，如激光跟踪测量系统，它们都具有快速、动态、高精度的特点，可实现快速动态精密观测，以获取三维坐标，这些技术已广泛用于航天、航空、汽车、造船、精密机器制造、核工业等精密工业测量领域，以及大型桥梁、大型水坝、电站、水利枢纽、地铁、结构等工程的精密施工测量和沉降与变形自动化监测等特种精密工程测量，并实现了高精度的测量效果，如北京正负电子对撞机建设中采用精密测量方法，保证了工程设计所要求达到的控制网点位精度 0.01 毫米和设备安装精度 0.2 毫米的要求，确保了工程质量。

近十几年来，国家在大江大河上建设有几十座各种类型大跨度的大型桥梁，经过参与工程测量单位精心设计和测量，采用多手段、多方法结合的精密工程测量方法，使控制网点和桥墩点放样精度，都达到了优于设计的精度要求。随着城市化进程的加快，城市工程建设快速发展，高耸建构筑物，如上海东方明珠电视塔、北京中央电视塔、深圳帝王大厦、广州国际大厦、上海金茂大厦等超高层建构筑物,其设计和施工都达到了国际先进水平,作为为设计和施工提供测绘保障的工程测量工作,也都保证达到了设计与施工安装的高精度要求,保证了工程的质量。此外,在大亚湾核电站、秦山核电站的建设及设备的精密安装中采用精密工程测量方法提供测绘保障,使工程控制网点和设备安装均达到了毫米级的精度。

还有实时摄影测量系统,它是能过装有电荷耦合器CCD面阵传感器的固态电子摄影机与数字处理技术融为一体的自动化测量系统。它可以做到无接触、高精度、实时的自动化获取物点的三维坐标,其相对精度可达1:50000以上。它不仅在航空航天工业、汽车制造、舰船天线、加速器、核电站及精密机械等领域得以广泛应用,而且在军事部门也有广泛的应用前景。而激光跟踪仪工业测量系统和采用灵敏码相机的工业近景摄影测量系统也已在工业测量中得到了广泛应用。

此外,GPS技术在特种精密工程测量中也得以广泛应用,采用GPS连续监控系统,能有效地对大坝等进行变形监测,能检测出大坝三维位移。中国研制的清江隔河岩水电站大坝外观GPS自动化监测系统,以及用于长江三峡高边坡检测的高精度大地测量监测自动化系统,都已实现了运行变量的数据采集与传输、数据管理、在线分析、综合成图、成果预警等的计算机控制网络化,有力地促进了大坝观测技术的发展。随着电子计算机技术、激光技术、空间技术的发展与应用,将促使精密工程测量和工业测量向一体化、自动化、数字化、智能化方向发展。

(六) 数据库技术与3S技术的应用

随着计算机技术、网络技术和通信、遥感、GIS、GPS技术的发展,亦随着测量数据的采集和数据处理逐步自动化、数字化,测绘部门如何更好地使用和管理好长期积累和搜集的大量测绘信息,并做到及时更新和提供使用,以达到信息充分的共享,更好地为经济建设和国防建设服务,其最有效的方法是利用数据库技术或利用GIS技术建立数据库和信息系统,如城市或工程控制网数据库、地形图数据库、管线数据库、各类专业工程测量数据库、各种大型工程变形监测数据库以及基础信息系统或基于网络的基础地理信息数据库管理系统等,其目的是使大量的测绘数据或信息进行科学的存储,达到数据采集、编辑处理、管理及输出一体,以便查询、检索、分析、分发和利用,实现管理和服务的科学化、现代化。国家的经济建设飞速发展和社会的进步,有力地推动了GIS技术的应用与发展,它已在城市规划管理方面(包括城市规划、土地地籍、公用设施、房地产、地下管线等的管理)、城市信息的发布(包括城市旅游、城市交通等"城市通")、城市决策系统(如城市灾害决策系统等)以及大型工程建设(如水利建设、矿山开采和形变监测系统等)中都得到了广泛的应用与发展。与GIS和GPS技术进一步完善和发展的同时，RS 技术也得到迅速发展和应用，其具有：影响范围大、资料现势强、摄影信息量大、收集资料方便、不受地形和地理条件限制、成图迅速等优点。随着现有的高空间、高光谱、多角度、多时相、全天候的 RS 对地观测技术的不断提高，以及影像获取成本的逐步降低，也为 RS 技术在测绘大中比例尺地形图方面提供了新的途径。GIS 与 GPS 技术、RS 技术、3S 技术与通信技术的有力结合，将从根本上改变传统学科的内涵，测绘将由原来单纯提供数据或信息的服务性工作，转变为参与规划、设计和决策管理，并有力地推动管理的严格性、决策的科学性、规划的合理性和设计的高效性。中国 3S 技术与产品的集成在政府部门的高度重视下，已开始在规划决策等政府行为中得以应用，产生了巨大的社会效益。3S 集成系统因其涵盖的信息包括空间对象、实体图形、图像空间位置、拓扑关系，属性描述，甚至可包括空间形状、演变变迁过程、多媒体等信息，可称其为海量信息。它与目前互联网上营造的文字、图像信息相比信息量更大，其对硬件网络的性能要求也更高。但就中国目前具备的条件而言，高性能服务已实现国产化、易普及，高速宽带网络技术、无线接入技术、"三网合一"技术已渐趋成熟并投入使用，以及当前计算机对海量信息的存储、管理、处理能力已能满足需要。而从系统需求出发，由中国相关单位所研制的主干软件(GIS) 及一些多功能软件或分模块，都具有一定的水平，这也标志着中国 GIS 技术研制与应用已进入了新的阶段，并不断扩大信息服务和技术服务的领域。3S 技术综合集成在军事和重大灾害预报急救等方面，以及 GPS 与 GIS 的综合和应急指挥高度系统，车载 GPS 报警系统等方面都得以应用。可以预见，3S 技术集成将会在城市和工程建设领域发挥更大的作用，将为"数字城市""数字省""数字工程""数字工业"等提供重要的技术支撑。

四、工程测量发展的展望

随着传统的测绘技术向自动化、数字化测绘技术的转换，中国的工程测量技术发展趋势，将呈现出高(高水平)、大(规模大)、新(新技术、新设备、新工艺)、精(高精度、达纳米级)、微(显微计算机和图像处理) 的发展趋势，其特点是：测量方案追求科学化、合理化；数据传输与应用呈现网络化、多样化、社会化。其具体体现有：

(1) 地面测量的仪器和方法向自动化、数字化方向不断发展和完善，测量机器人将作为传感集成系统，在人工智能方面将得到进一步发展。

(2) GPS 技术在工程测量中的应用，将更加普及和广泛。GPS 技术与 GIS 技术的结合，促进勘察、设计、施工管理一体化的实现。GIS 数据库技术和 GIS 技术在工程测量中的应用还将迅速发展，并得以广泛应用。

(3) 随着当代科学技术的进步，社会生产力的不断提高，新技术的采用和专用仪器设备的研制，测绘新理论、新方法、新仪器和新设备的出现，有望解决精密工程测量中的难题，丰富其内容，将使其在国民经济各部门的应用领域不断扩大，促进了整个工程测量的发展。

(4) 变形观测数据处理与大型工程建设将发展基于知识的信息系统，并进一步与有关学科结合，解决运行中安全检测、防灾、环保等问题。

(5) 传感器混合测量系统将得以迅速发展和广泛应用。GPS+全站仪+机器人的集成，将实现无控制测量。

(6) 数字摄影测量系统(DPS) 在各类工程测绘中的应用将更加普及和广泛。随着卫星 RS 影像在空间分辨率，时间分辨率和光谱分辨率的不断提高，各种新型传感器的不断研制和多级分辨率影像序列的形成，促使摄影测量真正与 RS 技术结合起来，以及 3S 集成技术都将在工程测绘领域进一步发挥作用，并扩大在工程特别是重大工程中的应用，提供各种技术支撑和技术保障，将进一步促使工程测绘业发生革命性的变化。

(7) 大型复杂结构建筑、设备的三维测量，几何重构及质量控制，以及由于现代工业生产对自动化流程，生产过程控制，产品质量检验与监控的数据与定位要求越来越高，将促使三维工业测量技术的进一步发展，并将成为工程测量发展的一大特点，并得以广泛应用，前景广阔。

(8) 工程测量将从土木测量、三维工业扩展到人体科学测量、显微测量、显微图像处理。

(9) 数据处理中的数学、物理模型的建立、分析和辨识成为工程测量专业教育与应用的重要内容。总之，在目前的情况下除一些传统的测量在应用中仍不失其一定的作用外，工程测量的发展还表现从一维、二维到三维乃至四维的测量；从点信息到面信息的获取；从大型特种工程到人体的测量工程；从高空到地面，地下至水下的测量；从人工测量到无接触遥控测量；从网络观测到持续测量；精度上从厘米(厘米) —毫米(毫米) —微米(微米) —纳米(0.01 微米) ，工程测量将具有广阔的发展和应用前景。

由此可以看出，工程测量将直接或间接对改善人们生活环境、提高人们生活质量都起到至关重要的作用。可以这样说，在人类活动中，工程测量是无处不在、无时不用。只要有人类，只要有建设，就必然存在工程测量，因而其发展和应用的前景是广阔的。

参 考 文 献

陈春. 2017. 工程测量过程中精度的影响因素及控制初探[J]. 四川水泥. (9).

陈东杰. 2015. GIS 技术和数字化测绘技术在工程测量中的应用研究[J]. 黑龙江科技信息. (21).

陈方强. 2018. 测绘新技术在建筑工程测量中的应用[J]. 中国战略新兴产业. (20).

陈昱成. 2017. 工程测量中 GPS 的运用及其发展[J]. 住宅与房地产. (12).

丛林, 孙梅君. 2017. 城市规划管理中工程测量的作用探讨[J]. 住宅与房地产. (3).

邓可. 2017. 工程测量过程中精度的影响因素及控制[J]. 智能城市. (10).

佴庆龙. 2017. 测绘新技术在测绘工程测量中的应用[J]. 甘肃科技纵横. (6).

冯兆祥, 钟建驰, 岳建平. 2010. 现代特大型桥梁施工测量技术[M]. 北京: 人民交通出版社.

韩培军. 2017. 探究工程测量过程中精度的影响因素及控制措施[J]. 经营管理者. (5).

黄声亨, 郭英起, 易庆林. 2012. GPS 在测量工程中的应用(第二版)[M]. 北京: 测绘出版社.

黄声亨, 尹晖, 蒋征. 2010. 变形监测数据处理(第二版)[M]. 武汉: 武汉大学出版社.

贾亚敬, 贾亚红. 2018. 工程控制测量方法之我见[J]. 建材与装饰. (28).

李诚. 2018. 浅谈地质勘查找矿应用 GIS 技术相关的关键问题[J]. 西部资源. (2).

李广云, 李宗春. 2011. 工业测量系统原理与应用[M]. 北京: 测绘出版社.

李慧. 2017. 工程测量过程中精度的影响因素和控制探讨[J]. 科技创新导报. (15).

李英芳. 2018. 试论数字化测绘技术在工程测量中的应用[J]. 建材与装饰. (21).

刘金联. 2018. GIS 技术和数字化测绘技术在工程测量中的应用研究[J]. 西部资源. (1).

刘明萍. 2018. 测绘新技术在测绘工程测量中的应用[J]. 建材与装饰. (23).

刘群. 2015. 现阶段数字化测绘技术在工程测量中的应用[J]. 城市地理. (10).

罗毅. 2017. GPS 测量技术在工程测量中的应用[J]. 工程技术研究. (2).

孙立业. 2017. 论工程测量在施工质量管理中的重要性[J]. 世界有色金属. (4).

唐保华. 2012. 工程测量技术[M]. 北京: 中国电力出版社.

汪洁. 2017. 浅析测绘新技术在测绘工程测量中的应用[J]. 江西建材. (21).

王金玲, 刘仁钊, 林乐胜, 郭涛. 2013. 工程测量(测绘类)[M]. 武汉: 武汉大学出版社.

王金玲. 2010. 土木工程测量[M]. 武汉: 武汉大学出版社.

晏军伟．2016．全球定位系统(GPS) 在工程测量中的应用[J]．住宅与房地产．(36)．

岳建平，陈伟清．2006．土木工程测量[M]．武汉：武汉理工大学出版社．

岳建平，邓念武．2008．水利工程测量[M]．北京：中国水利水电出版社．

岳建平，方露．2012．城市地面沉降监控理论与技术[M]．北京：科学出版社．

岳建平，田林亚．2007．变形监测技术与应用[M]．北京：国防工业出版社．

岳建平．2006．工程测量[M]．北京：科学出版社．

张菲．2014．数字化测绘技术在工程测量中的应用分析[J]．价值工程．(15)．

张李平．2018．工程测量与三维测绘技术的发展分析[J]．四川建材．(2)

张潇潇．2017．工程测量过程中精度的影响及控制[J]．建材与装饰．(40)．

张友银．2013．浅谈 GPS 测量技术及其在工程测量运用中的特点[J]．中华民居(下旬刊)．(9)

张正禄．2013．工程测量学[M]．武汉：武汉大学出版社．

张仲秋．2014．数字化测绘技术在工程测量中的应用浅析[J]．环球人文地理．(12)．

张祖勋，张剑清．2012．数字摄影测量学[M]．武汉：武汉大学出版社．

赵丽君．2018．测绘技术在建筑工程中的应用探讨[J]．南方农机．(11)．

赵敏．2017．现代测绘技术在工程测量中的应用及完善策略[J]．工程技术研究．(5)．

赵运佳，李俊瑞，李明君．2015．工程测量在施工质量管理中的重要性[J]．科技视界．(19)．

朱春琛．2015．浅谈工程测量过程中精度的影响因素及控制[J]．科技展望．(21)．